乡村振兴实用技术培训教材

特种**动物**生产管理技术

王晓艳　袁　听 ◎ 主编

中国农业出版社

北　京

图书在版编目（CIP）数据

特种动物生产管理技术 / 王晓艳，袁听主编.
北京：中国农业出版社，2025.2. -- （乡村振兴实用技术培训教材）. -- ISBN 978-7-109-33081-8

Ⅰ. S865

中国国家版本馆 CIP 数据核字第 2025PE5234 号

特种动物生产管理技术
TEZHONG DONGWU SHENGCHAN GUANLI JISHU

中国农业出版社出版

地址：北京市朝阳区麦子店街 18 号楼
邮编：100125
责任编辑：周晓艳
版式设计：杨　婧　　责任校对：吴丽婷
印刷：中农印务有限公司
版次：2025 年 2 月第 1 版
印次：2025 年 2 月北京第 1 次印刷
发行：新华书店北京发行所
开本：787mm×1092mm　1/16
印张：4.25
字数：95 千字
定价：30.00 元

编写人员

主　编：王晓艳　袁　听

副主编：吴小玲　郭赢芳　李文娟

参　编：母治平　郝永峰　李龙娇　杨延辉

　　　　万　向　杨　高　王祖灯

前言

　　特种动物养殖是我国农业中独特的一项养殖产业，不同于已经形成的猪、禽等规模化养殖等，特种动物养殖涉及的种类多、范围广。

　　重庆三峡库区的地形主要以山地和丘陵为主，受特殊的水文、气候、地形地貌以及库区流域沿岸人类活动频繁等影响，三峡库区自然灾害种类众多，如气象灾害、水文灾害、地质灾害、生物灾害等。其中，旱灾、暴雨洪灾、地质灾害尤为多发，在一定程度上影响了该地区农业生产条件和环境，既不利于农业生态化和高质量发展，也不利于大规模化养殖场的建设。

　　鉴于重庆三峡库区的地理位置和气候条件等，本书筛选了适合该库区养殖的特种动物，包括肉兔、肉鸽、黑水虻、蚯蚓、蜜蜂、乌鸡等，从生物学特性、品种、繁殖技术、饲养管理技术等几个方面展开详细介绍，可供特种动物生产养殖从业者提供参考。

　　本书主编王晓艳（重庆三峡职业学院）、袁昕（重庆三峡职业学院），统筹全书编写工作；副主编吴小玲（重庆三峡职业学院）进行统稿及图片处理，副主编郭赢芳（武汉商学院）负责书稿校对；副主编李文娟（重庆三峡职业学院）及编写人员母治平（重庆三峡职业学院）、郝永峰（重庆三峡职业学院）、李龙娇（重庆三峡职业学院）、杨延辉（重庆三峡职业学院）、万向（重庆三峡职业学院）、杨高（伊伊牧歌养殖有限公司）和王祖灯（开州区王氏土蜂养殖场）参与本书相关章节的编写和图片拍摄等工作。在此，对所有编写人员表示感谢。

　　本书编写过程中得到了重庆三峡职业学院中国特色高水平高职专业群建设项目资助，在此表示感谢。

　　由于编者水平有限，加之时间仓促，书中难免存在不妥之处，恳请广大读者批评指正。

王晓艳

2024 年 5 月于重庆

目录

前言

01

第一章

肉兔的养殖技术

第一节　生物学特性

一、昼伏夜出

在人工饲养条件下，家兔白天多静伏于笼中；但黄昏到次日凌晨则十分活跃，频繁饮水和采食。

二、胆小怕惊

家兔胆小，对外界环境的变化敏感，遇到异常响声则会出现精神紧张，狂奔乱跳。母兔突然受到惊吓时，常会出现难产、流产、拒绝给仔兔哺乳和咬伤仔兔等现象。

三、耐寒怕热

家兔汗腺不发达，加上被毛浓密，故体表散热较慢。但新生仔兔个体小，被毛短而稀少，没有御寒能力。

四、食粪性

自食软粪是家兔正常的生理现象。健康的家兔排出的粪便有两种：一种是软粪，另一种是硬粪。软粪少见，硬粪多见。因软粪几乎都在夜间排出，且一经排出就被家兔食掉，故不仔细观察则很难见到。

五、喜清洁干燥

家兔喜清洁、干燥的地方，潮湿的环境对其生长不利。因此，兔舍内要注意通风并勤扫。但在高温高湿季节，切勿过多、过勤冲洗笼舍。

六、穴居独居性

家兔有打洞为穴的习性，在穴中栖身养仔、繁衍后代。在建造兔舍和选择饲养方式时，必须考虑到这一特点，以免家兔在舍内打洞潜逃。家兔性成熟后，群居时常常发生打斗。因此，3月龄以上的性成熟兔及妊娠、哺乳母兔宜单笼饲养。

七、啮齿性

家兔出生时上颌就有 2 对不脱换的门齿，而且不断生长。家兔必须通过啃咬硬物本能地将门齿磨平，使上下齿面吻合，以便采食。因此，在建造笼舍时，应选择质地坚硬的材料，以免被家兔损坏。

八、视觉差而嗅觉听觉灵敏

家兔视觉退化，但其嗅觉灵敏，常以嗅觉辨认异性和栖息领地，通过嗅觉来识别亲生仔兔或非亲生仔兔。

第二节　品　　种

一、大耳白兔

1. 外形特征　母兔颌下有肉髯；毛色纯白；眼红色；两耳不仅长、大、直立，而且具有根细、端尖、形如柳叶的特征（图 1-1）；体型分大、中、小三种。

图 1-1　大耳白兔

2. 生产性能　成年时体重：大型兔为 5~6kg，中型兔为 3~4kg，小型兔为 2.0~2.5kg。成熟早，生长快，适应性强，繁殖性能强。

二、中国白兔

1. 外形特征　体质结实紧凑，被毛洁白，皮板较厚，头小，嘴尖，耳小直立且耳尖、圆厚，眼红色，臀部发育好，后肢健壮，体型较小。

2. 生产性能 成年兔平均体重 2.35kg。适应性强，耐粗放饲养，抗病力较强，繁殖性能良好。但生长慢，产肉性能差。

三、加利福尼亚兔

1. 外形特征 被毛白色，鼻端、两耳、四肢下部和尾为黑色，俗称"八点黑兔"，体型中等（图 1-2）。

2. 生产性能 成年兔体重 4～5kg，适应性和抗病性强，耐粗饲，皮板质量好。

四、青紫蓝兔

1. 外形特征 被毛蓝灰色，每根毛纤维自基部向上分为五段颜色，即深灰色-乳白色-珠灰色-雪白色-黑色，颜色美观。耳尖及尾内侧黑色，眼圈、尾外侧及腹部白色，体格健壮，四肢粗大（图 1-3）。

2. 生产性能 体型分大、中、小三种，大型兔成年时体重 5.5～7.3kg，适应性强，繁殖性能好，毛皮品质优。

图 1-2 加利福尼亚兔

图 1-3 青紫蓝兔

五、比利时兔

1. 外形特征 毛色呈棕黄褐色，头形像马头，鼻梁隆起。耳大且直立，耳尖边缘有黑色光亮的毛边，体型大（图 1-4）。

2. 生产性能 成年兔平均体重 6.1kg，适应性强，耐粗饲，繁殖率高。

六、新西兰白兔

1. 外形特征 毛色纯白，两耳短小且直立，耳端较圆、宽。

2. 生产性能 体型中等，成年兔平均体重 4.48kg，性情温顺，易于管理，适应性和抗病性均较强，饲料利用率高。

图 1-4　比利时兔

七、公羊兔

1. 外形特征　头部粗大且短宽，两耳自然下垂，额部与鼻梁结合处略微隆起，形似公羊，被毛颜色多为黄褐色，臀部丰满，四肢结实，体型匀称。

2. 生产性能　生长发育速度快，肌肉发达，抗病力强，耐粗饲，易于饲养，但繁殖性能较低。

八、喜马拉雅兔

主要产地是中国，是一个广泛饲养的优良家兔品种。

1. 外形特征　被毛白色、短、密、柔软，耳、鼻、四肢下部及尾部为黑色，体型紧凑，眼淡红色。

2. 生产性能　繁殖力高，窝产 8～12 只，成年体重可达 2.2～2.5kg。体格健壮，耐粗饲，抗病力较强，母性好，遗传性能稳定。

第三节　繁殖技术

一、繁殖生理

1. 性成熟和初配年龄　兔的性成熟因性别、品种、营养水平不同稍有差异，母兔的性成熟较公兔的早，小型品种的兔较大型品种的兔早，营养条件好的兔较营养水平差的兔早，一般为 4～5 月龄。

性成熟的家兔虽然具有繁殖能力，但各器官仍处在发育阶段，故不宜交配繁殖。过早配种则会影响种兔本身发育，繁殖效果差。一般要达到成年体重的 70%，小型品种 4～5 月龄、中型品种 5～6 月龄、大型品种 6～7 月龄及以上才能配种使用。

2. 繁殖利用年限　人工辅助交配时，每只公兔可配 8～10 只母兔。种兔使用年限为 3～4 年，实际生产中一般为 2 年。

3. 发情和发情周期　母兔初情期、性成熟后，在激素的调控下生殖器官发生的一系列变化，并出现周期性的性活动现象称为发情。母兔性成熟后，在没有妊娠的情况下，间隔一定时间发情一次，称为发情周期。母兔的发情周期一般在 8～15d，多数在 14d 左右，发情时间可持续 3～4d。如母兔发情后不与公兔交配，成熟的卵泡经 10～16d 后就被全部吸收。只有在接受交配（或相互爬跨、注射激素）后才发生排卵现象，称为诱发性排卵。

二、配种技术

1. 发情鉴定　准确判断母兔的发情状况，适时配种，是提高母兔繁殖力的关键。

（1）观察行为表现　母兔发情时表现为食欲减退，兴奋不安，排尿频繁，在笼里来回跑动，并发出声响；在其他用具上面摩擦下颌，俗称"闹圈"。偶有公兔追逐时，接受交配，有的甚至爬跨其他母兔。

（2）观察外阴黏膜颜色变化　母兔外阴部可视黏膜色泽苍白、干燥，表明未发情；可视黏膜呈淡红色，表明刚发情，还未到配种时期；可视黏膜深红色，表明是发情盛期，也是配种受胎率最高的时期；当可视黏膜呈紫红色，表明发情时间已过。

2. 配种方法

（1）单配法　将母兔放入公兔笼内与公兔自然交配。

（2）复配法　将母兔放入公兔笼内与公兔自然交配一次后，再将母兔放回原笼。间隔 7～8h，再将这只母兔放入之前与之交配的同一只公兔笼内，进行第二次自然交配。

（3）双配法　用两只血缘关系较远的同一品种或不同品种的公兔与同一只母兔交配。其操作方法是将母兔放入一只公兔笼内与之交配后间隔 10～15min，再将这只母兔放入另一只公兔笼内与之进行交配。

三、妊娠和分娩

1. 妊娠期　母兔的妊娠期一般为 31d，其妊娠期的长短与品种、年龄、所怀胎儿数量、营养水平和环境等有关，一般大型品种、老龄、所怀胎儿数量少及营养较好的母兔妊娠期较长。

妊娠检查有以下几种方法。

（1）观察法　母兔妊娠后，可表现为食欲增加，毛色润泽而光亮，性情温顺，行为谨慎，腹围逐渐增大。

（2）试情法　母兔配种后的 5～7d，可将其放入公兔笼内。如母兔接受公兔交配，便认为其没有妊娠；如母兔拒绝公兔交配，并发出"咕、咕"的叫声，则其可能妊娠。

（3）摸胎法　于母兔配种后的 10～12d 进行。将母兔放在地上，由前向后沿腹壁后部两旁轻轻触摸。在配种后 8～10d，可摸到黄豆样的肉球，光滑而有弹性；12d 左右，胚胎似樱桃；14～15d，胚胎似杏核；20d 之后，可摸到花生样的长形胎儿，并有胎动。若触摸时发现整个腹部柔软如棉，则是没有受胎的表现。

2. 假妊娠 假妊娠是指母兔经交配或爬跨刺激排卵但未受精，卵巢形成黄体，母兔表现出妊娠的现象。假妊娠母兔由于没有形成胎盘，妊娠 16d 后黄体退化，表现临产症状，如乳房发育并分泌乳汁及拉毛做窝等。早期发现可注射前列腺素，使黄体消散；再注射促性腺激素，促使母兔发情配种。如 16d 以后发现假妊娠，此时配种极易受胎，可抓紧配种。

3. 分娩和哺乳

（1）分娩前的准备 应对兔笼、用具进行清洗和消毒，产箱内放入清洁、柔软的干草，并准备充足的温水。在临产前，不要捕捉和惊扰母兔，使其保持安静，以防流产发生。

（2）产前表现 临产前母兔会表现食欲下降，乳房饱满，并可挤出少量乳汁，外阴部肿胀、湿润，阴道黏膜潮红、充血。临产前数小时，母兔会拉毛做窝。

（3）分娩 母兔分娩时表现为精神不安、刨地、弓背及排出胎水，整个分娩过程需30min 左右，极少数母兔产程稍长。分娩时母兔一边产仔一边吃掉胎衣，并舔干仔兔身上的血迹和黏液。分娩结束后，母兔容易口渴，应及时供给清洁的饮水。

（4）仔兔护理和哺乳 母兔产仔完毕后，待其跳出产箱饮水时，应及时清理产仔时遗留的脏物、湿垫草等，清点成活仔兔数，并换上清洁、柔软的垫草。母兔产后每天会有规律地哺乳一次，时间约 5min。

第四节 饲养管理技术

一、种母兔饲养管理技术

1. 空怀期 空怀期是指从仔兔断奶到母兔下一次配种受孕的这一段时期。此期的饲养管理要点是补充足够的营养物质，使母兔恢复体质，正常发情。

（1）空怀期饲养 空怀期的母兔应保持在七八成膘。母兔过瘦会导致发情排卵不正常，应适当增加精饲料的饲喂量；过肥会影响卵细胞发育并导致不孕，应减少精饲料的饲喂量。配种前除了补充精饲料外，饲喂应以青绿饲料为主。如冬季和早春季节，每天饲喂胡萝卜 100g 左右，以保证繁殖所需的维生素，促使母兔发情。有条件的兔场饲料中可添加复合维生素等。

（2）空怀期管理 空怀母兔最好单笼饲养，并注意观察发情状况，适时配种。对于体质瘦弱的母兔，可适当延长空怀期，否则将影响母兔的健康状况，缩短利用年限。

2. 妊娠期 妊娠期是指母兔从受孕到分娩的这段时间，一般为 31d。这一时期饲养管理的重点是，保证胎儿正常发育，防止流产，并做好产前准备。

（1）妊娠期饲养 母兔在妊娠期，除维持本身营养需要外，还要保证胚胎生长及乳腺发育和子宫增长。妊娠前期（1～15d）胎儿生长慢可给母兔少喂料，但应注意饲料质量，

15d 逐渐加料。从妊娠的 19d 到分娩，胎儿增重加快，精饲料的喂量要增加到空怀期的 1.5 倍，同时要注意蛋白质、矿物质的供给。临产前 3～4d 要减少精饲料的喂量，以优质青粗和多汁饲料为主，以免造成母兔便秘、难产等。

（2）妊娠期管理　妊娠母兔要单笼饲养，不准随意捕捉，摸胎时动作要轻，确定受孕后不要再触动腹部。要保持环境安静，注意笼舍要清洁干燥，严禁给母兔饲喂发霉变质的饲料以及有毒青草。在冬季应给其饮用温水，防止水温过凉，否则会刺激子宫急剧收缩，引起母兔流产。

母兔在产前 3～4d 准备好产箱，清洗消毒后放进一些干净、柔软的垫草，然后把产箱放进兔笼内，让母兔熟悉并方便其拉毛做窝。

3. 哺乳期　从母兔分娩到仔兔断奶的这段时期称为哺乳期。

（1）哺乳期饲养　母兔产后 1～2 周消化机能尚差，泌乳量也不多，可少加料；产后 20d 左右，泌乳量达到最高峰，应增加饲喂量；到仔兔断奶前后又要适当减少喂料量，以防止乳腺炎的发生。

（2）哺乳期管理　保证兔笼及用具清洁，每天要清扫、洗刷，并定期消毒。母兔哺乳时，应保持周围环境安静，不要惊扰它。要经常检查母兔乳房，如果发现乳房有硬块或红肿则应及时治疗。

二、种公兔饲养管理技术

1. 种公兔饲养　在非配种期内，给种公兔每天投喂全价颗粒饲料 150g；在配种期内，给种公兔每天投喂全价颗粒饲料 170～200g。每天投喂 3～4 次，将全价颗粒饲料直接投放于料槽内，让种公兔自由取食。如用精饲料与青饲料混合饲养时，应按先饲喂精饲料、后饲喂青饲料、再饲喂精饲料的原则，其中精饲料每天的喂量为 100～200g，青饲料每天的喂量为 700～800g。

2. 种公兔管理

（1）增强体质　应给予种公兔充足的光照和运动，以增强其体质，种公兔每天应运动 1～2h。

（2）适时分群饲养　种公兔在 3 月龄时应分群饲养，一兔一笼，以防早配和打斗。

（3）做好环境卫生　应保持圈舍清洁和干燥，并经常消毒和清洗，舍内温度应保持在 10～20℃，温度过高和过低都对种公兔的性机能有不良影响。

（4）控制配种次数　种公兔每天可交配 1～2 次，配种 2d 要休息 1d。对于初配种公兔，应每隔 1d 配种 1 次。

（5）做好配种记录　记录种公兔的配种时间及所配母兔的产仔情况。

三、仔兔饲养管理技术

从出生到断奶的小兔称为仔兔。该阶段的管理要点是防寒保温，防鼠害，及时开食和断奶。

1. 仔兔饲养

（1）吃初乳　母兔产后 1～3d 的初乳中含有抗体，吃足初乳可提高仔兔的抵抗力和成活率。在仔兔出生后 6h 要检查母兔的哺乳情况，吃饱的仔兔肤色红润，安静少动，腹部饱满；未吃饱的仔兔，皮肤发暗，有褶皱，骚动不安。

（2）寄养或人工辅助哺乳　仔兔可调整给产仔数过少的母兔代养，但两窝产仔日龄不超过 2d。对个别不会哺乳的初产母兔，则需人工辅助。对产后 5h 仍不自行哺乳的母兔，需采取人工辅助。操作方法是将母兔放进产仔箱，待其安静后，把仔兔放到母兔乳房处，让仔兔吸吮，每天 4～5 次，直至仔兔能自行哺乳为止。

（3）提早补饲　仔兔一般在 16～18 日龄开食，约 20 日龄开始补料，给其饲喂易消化、营养丰富的饲料。

2. 仔兔管理

（1）保温防寒　仔兔刚出生时，调节体温的能力差，怕冷，故产箱内可放置保温性好、吸湿性强、干燥、松软的麦秸或稻草等，上面再铺一层兔毛。在寒冷的季节，舍内温度应保持 15～25℃，产箱温度应达到 20～25℃。

（2）做好卫生　坚持每天打扫，定期消毒，勤换垫草，保持产箱清洁、干燥。

（3）适时断奶　仔兔一般在 35～42 日龄断奶。方法是将母兔单笼饲养，但仔兔仍留在原笼内饲养，以保证仔兔的生长环境不变，利于仔兔迅速适应环境，减少应激反应。

四、幼兔饲养管理技术

从断奶至 3 月龄的小兔称幼兔。该阶段幼兔生长发育快，但抵抗力差，容易患病，死亡率高，需精心管理。

1. 幼兔饲养　要喂给体积小，营养价值高，易消化，适口性好，富含蛋白质、维生素、矿物质，并有一定量粗纤维的饲料。饲喂时要定时定量，少吃多餐，每天饲喂 3～4 次。

2. 幼兔管理

（1）减轻应激反应　仔兔断奶后的第 1～2 周，尽量做到饲料、环境、管理不变，以减轻应激反应。

（2）适时分群　应按日龄大小、体质强弱、体重大小对幼兔进行分群饲养，每笼以 4～5 只为宜。

（3）做好管理　保持兔舍内清洁、干燥、通风，并定期消毒。要经常观察兔群的健康情况，发现患病兔时应及时处理。

（4）免疫接种　定期接种各种疫苗，包括兔瘟疫苗、大肠杆菌病疫苗、巴氏杆菌病疫苗等。

（5）防止球虫病　幼兔的抵抗力低，应加强巡视。发现幼兔腹部膨大，排出的粪便呈淡红色或淡紫色，不成粒状，即有可疑球虫病，应及时预防给药。

五、青年兔饲养管理技术

青年兔是指出生后 3～5 月龄到初次配种的兔，又称育成兔或后备兔。该阶段兔的抵抗力强、死亡率低，是最好饲养的时期。

1. 青年兔饲养　饲养青年兔应以青绿饲料为主，并适当补充精饲料。4 月龄之内，精饲料的喂量不限；5 个月龄以后，适当控制精饲料的喂量，防止过肥。

2. 青年兔管理　4 月龄时对公、母兔进行选种，符合要求的留作种用；对于非种用兔，应去势育肥，并及时淘汰劣等兔。公、母兔应一兔一笼，分群饲养，防止早配。对于留作种用的公兔，6 月龄时开始训练配种，一般每周交配 1 次，以促使其早熟，增强性欲。

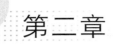

第二章

肉鸽的养殖技术

人类养鸽的历史已有 5 000 多年，我国有历史记载的也有 2 000 多年。家鸽从用途上可分为信鸽、观赏鸽和肉鸽三种类型。肉鸽俗称"地鸽"或"菜鸽"，属鸟纲、鸽形目、鸠鸽科、鸽属。我国肉鸽大规模饲养虽然仅有 20 多年的历史，但却是世界上肉鸽养殖第一大国，2019 年全国种鸽存栏 5 000 多万对，年出栏乳鸽 6.5 亿羽，且数量每年仍在不断增加，肉鸽养殖水平属世界前列。鸽肉蛋白质含量高（24.9%），脂肪含量低（0.73%），必需氨基酸含量丰富，有滋补和较高的药用价值（如乌鸡白凤丸的"白凤"即为鸽）。肉鸽养殖投资少，经济价值较高，市场不断扩大。

第一节　生物学特性

鸽虽属禽类，但生活习性却有别于家禽。要养好肉鸽，就必须了解其生物学特性，这样才能制定出科学、合理且行之有效的饲养管理方法，使肉鸽的生产性能得到最大限度的发挥。

一、肉鸽的外形特征

肉鸽躯干呈纺锤形，胸宽且肌肉丰满；头小，呈圆形。鼻孔位于上喙的基部，且覆盖有柔软、膨胀的皮肤，这种皮肤称蜡膜或鼻瘤，鼻瘤随年龄的增加而增大。幼鸽的蜡膜呈肉色，在第二次换毛时渐渐变白。眼睛位于头的两侧，视觉灵敏。颈粗长，可灵活转动。腿部粗壮，脚上有 4 趾，第 1 趾向后，其余 3 趾向前，趾端均有爪（图 2-1）。尾部缩短成小肉块状突起，在突起上着生有宽大的 12 根尾羽，羽色有纯白、纯黑、纯灰、纯红以及黑白相间的"宝石花""雨点"等。

二、肉鸽的生活习性

1. 晚成雏　鸟类根据刚孵出的幼鸟的形态和生活力分为早成雏与晚成雏两种。鸡、鸭、鹅等传统家禽均属于早成雏，一出壳即能独立活动、觅食。而鸽是禽类中唯一属于晚成雏的类型，刚出壳的幼鸽体表只有少量纤细的绒毛，眼睛还没有睁开，腿脚软弱无力，不能站立，不能独立觅食，需要亲鸽哺喂 1 个月才能独立生活。

2. 一夫一妻制的配偶性　鸽是营配偶生活的鸟类，而且是固定单配。幼鸽孵出后，

图 2-1　肉鸽
（图片由中山市石岐鸽养殖有限公司李正晟提供）

经 4～6 个月的生长发育，便进入性成熟阶段，开始寻找配偶。成鸽对配偶是有选择的，一旦配对后，公、母鸽总是亲密地生活在一起，共同承担筑巢、孵卵、哺育乳鸽、守卫巢窝等职责。配对后的公、母鸽"夫妻"关系维持比较持久，通常能保持终身。

3. 素食性　鸽没有胆囊，是天生的素食者。鸽喜欢吃植物性饲料，并且喜欢采食颗粒状原粮，如整粒的玉米、豌豆、小麦、高粱等。如果将原粮粉碎饲喂，鸽就会出现厌食现象，采食量下降，影响正常产蛋和哺喂。

4. 群居性　鸽喜欢群居生活，在散养或群养的情况下，数十对上百对一起吃食、饮水、休息，不会相互打斗，表现出合群的特点，常有放养的小群鸽混入大群鸽中。

5. 好洗浴　鸽特别喜欢洗浴，包括水浴和沙浴，用来保持身体干净，同时清除体表的寄生虫，如羽虱、螨等。笼养种鸽也要定期进行人工辅助洗浴，以清除体表寄生虫。用沙池代替水池，同样可以起到清洁羽毛的作用，在沙中放入硫黄粉，可以清除体表寄生虫。群养鸽时饮水器最好采用封闭式，避免鸽进入洗澡，弄脏饮水而发病。

6. 嗜盐性　鸽的祖先原鸽长期生活在海边，常饮海水，故形成了嗜盐的习性。如果肉鸽的日粮中长期缺盐，则会导致产蛋、生长等生理功能紊乱。每只成年种鸽每天需盐 0.2g 左右，过多会引起中毒。

7. 强适应性　肉鸽的抗逆性特别强，对周围环境和生活条件有较强的适应性。但酷暑、严寒、潮湿对种鸽生产均会造成不利影响。炎热易引起鸽中暑，寒冷易冻伤、冻死仔鸽。遇到连续阴雨潮湿的天气，仔鸽易腹泻，羽毛脏、松、乱，疾病增多，死胚蛋增多。肉鸽的警觉性高，对外来刺激敏感，怪音、闪光、移动的物体和异常鲜艳的颜色等都会引起其骚动和飞扑。日常管理要求做好防寒防暑防潮工作，且保持鸽舍安静、安全、稳定。

8. 栖高习性　作为一种陆生禽类，野生状态下鸽的天敌较多，故需要在高处栖息来躲避敌害，特别是在夜晚休息时。青年种鸽大群饲养时，需要在舍内、舍外设置栖架；种鸽在繁殖阶段适合笼养，在笼中较高处设置巢盆，以保证安静，便于孵化与育雏。

9. 记忆力强　肉鸽的感觉器官灵敏，记忆力很强，方位识别能力也很强，能在数千只笼子中自行找到原笼回巢，并能在很大的鸽群中找到自己的配偶。所以，人工饲养时应固定饲料、饲养管理程序、环境条件和信号等，以使其形成一定的习惯，并产生牢固的条件反射。

10. 爱清洁，喜干燥　肉鸽喜欢清洁、干燥的环境，不喜欢接触粪便和污土，就是雏鸽也绝不将粪便排在巢内。规模化笼养时，应保持笼舍清洁、干燥，通风良好，促进其生产潜能的发挥。

第二节　品　　种

一、王鸽

王鸽是世界著名的大型肉鸽品种，1890 年在美国育成。许多国家和地区饲养此品种，我国的饲养量也非常大。

王鸽羽毛紧凑，胸部宽圆，体躯宽广，尾羽略上翘，无脚毛，毛色有白、银灰、灰、红、蓝、黄、紫、黑等，但以白色和银灰色为多。商用王鸽以白羽王鸽（图 2-2）和银羽王鸽（图 2-3）为主。白羽王鸽是最受欢迎的一种肉鸽，体态丰满结实；银羽王鸽毛色全身银灰色并带有棕色，翅羽上有两条巧克力色黑带，腹部、尾部浅灰红色，颈羽紫红色而有金属光泽，鼻瘤粉红色，眼环橙色。银羽王鸽的性情比白羽王鸽更温顺，生活力更强。

王鸽遗传性能稳定，体型大。成年时体重公鸽为 650～750g、母鸽为 550～650g，生产性能高，年产乳鸽 6～7 对，25 日龄乳鸽体重 500～750g。抗病能力强，发病率较其他品种鸽低 40%～50%。

图 2-2　白羽王鸽

图 2-3　银羽王鸽

（图片由海南鸽业协会会长郑勇提供）

二、卡奴鸽

卡奴鸽原产于德国及比利时，属中型肉用鸽，是鸽界中的名鸽。外观雄壮，颈粗，站立时姿势挺立。体型中等结实，羽毛紧凑。成年时体重公鸽达 700～800g、母鸽达 600～700g，4 周龄乳鸽体重为 500g 左右。性情温顺，繁殖力强，年产乳鸽 8～10 对，高产的可达 12 对以上。就巢性强，受精率与孵化率均高，育雏性能好，换羽期也不停止哺育乳鸽，即使充当保姆也能一窝哺育 3 只乳鸽，是公认的模范亲鸽。

三、鸾鸽

鸾鸽又称仑替鸽、仑特鸽，原产于意大利，是鸽中的巨无霸，是古老的肉鸽品种之一，也是目前体型最大、体重最大的肉用鸽品种，其体大如鸡，故有"鸡鸽"之称。成年时体重公鸽可达 1 400～1 500g，母鸽也可达 1 250g 左右，1 月龄乳鸽体重可达 700～900g，年产乳鸽 6～8 对。该品种鸽羽色较杂，有黑、白、银灰、灰二线等，以白色仑替鸽最佳。

四、贺姆鸽

贺姆鸽原产于比利时和英国。该品种鸽体型较短，背宽胸深，呈圆形，毛色有白、灰、红、黑、花斑等。成年时体重公鸽 700～750g、母鸽 650～700g，1 月龄乳鸽体重可达 600g 左右。繁殖率高，育雏性能好，年产乳鸽 8～10 对，是培育新品种或改良鸽种的良好亲本。

五、石岐鸽

石岐鸽产于我国广东省中山市石岐镇，是我国著名的肉鸽品种，是清朝末年，中山的华侨带回优秀的肉鸽品种与本地的优秀品种进行杂交，经过民间多年选育而成。石岐鸽体长、翼长、尾长，平头光胫，鼻长嘴尖，眼睛较细，胸圆，羽色较杂，以白色为佳（图 2-4 和图 2-5）。适应性强，耐粗饲，就巢、孵化、育雏等均良好，年产乳鸽 7～8 对。成年时体重公鸽 750～800g、母鸽 650～700g，1 月龄乳鸽体重可达 600g 左右。石岐鸽乳鸽风味浓厚，骨细肉滑，红烧石岐乳鸽是中山的著名美食，享誉国内外。

图 2-4　石岐鸽公鸽　　　　　图 2-5　石岐鸽母鸽

（图片由中山市石岐鸽养殖有限公司李正晟提供）

第三节　繁殖技术

种鸽繁育是整个肉鸽生产的基础，只有做好繁殖管理工作，才能培育出更多优质的乳鸽，提高经济效益。

一、种鸽的选择

1. 雌雄鉴别　见表2-1。

表2-1　雌雄鉴别

项目	雄鸽	雌鸽
胚胎血管	粗而疏，左右对称，呈蜘蛛网状	细而密，左右不对称
同窝乳鸽	生长快，身体粗壮，争先受喂，两眼相距宽	生长较慢，身体娇细，被动受喂，两眼相距窄
体型特征	体格大而长，颈粗短，头顶呈隆起的四方形	体格小而短圆，颈细小，头顶平
眼部	眼有神，眼睑及瞬膜开闭速度快	眼神较差，眼睑及瞬膜开闭速度迟缓
鼻瘤	大而宽，中央很少有白色内线	小而窄，中央多数有白色内线
颈和嗉囊	较粗而光亮，金属光泽强	较细而暗淡，金属光泽弱
发情求偶表现	追逐雌鸽，鼓颈扬头，围雌鸽打转，尾羽展开，发出"咕咕"的呼唤声，主动求偶交配	安静少动，交配时发出"咕-咕"的回声，交配被动
骨盆、耻骨间距	骨盆窄，两耻骨间相距约一手指宽	骨盆宽，两耻骨间相距约两手指宽
肛门形态	从侧面看，下缘短，并受上缘覆盖；从后面看，两端稍微向上	从侧面看，上缘短，并受下缘覆盖；从后面看，两端稍微下降
触压肛门	右手食指触压肛门，尾羽向下压	右手食指触压肛门，尾羽向上竖起或平展
主翼羽	第7~10根末端较尖	第7~10根末端较钝
尾脂腺	多数不开叉	多数开叉
鸣叫	叫声长而清脆动听，蜡膜大	叫声短而尖，蜡膜小
脚胫	粗壮	细小
性情	驱赶同性生鸽，喜欢啄斗厮打	温柔文雅，避让生鸽

2. 年龄鉴别　见表2-2。

表2-2　鸽的年龄鉴别

项目	成年鸽	幼龄鸽
喙	喙末端钝、硬而圆滑	末端软而尖
嘴角结痂	结痂大，有茧子	结痂小，无茧子
鼻瘤	鼻瘤大，粗糙，无光泽	鼻瘤小，柔软，有光泽

（续）

项目	成年鸽	幼龄鸽
眼圈裸皮皱纹	多	少
脚及趾甲	脚粗壮，颜色暗淡，趾甲硬而钝	脚纤细，颜色鲜艳，趾甲软而尖
脚胫上的鳞片	硬而粗糙，鳞纹界限明显	软而平滑，鳞纹界限不明显
脚垫	厚，坚硬，粗糙，侧偏	软而滑，不侧偏

二、肉鸽的繁殖

1. 繁殖周期 从交配、产蛋、孵蛋、出雏到乳鸽成长，这段时期称为肉鸽的一个繁殖周期，大约为 45d，分为配合期、孵化期、育雏期 3 个阶段。

（1）配合期 已经性成熟的肉鸽，鉴别雌雄后根据饲养目的，将雌雄鸽配对，关在同一个笼子里，使它们相互熟悉以至交配产蛋，这个阶段称为配合期，需要 10～12d。种鸽适宜的配对年龄一般是 6 月龄左右。

（2）孵化期 种鸽配对成功后，1 周左右开始筑巢，交配并产下受精蛋，然后轮流孵化的过程为孵化期，一般是 18d。公鸽一般于早上 9：00 至下午 4：00 抱窝，而其余时间则由母鸽抱窝。抱窝的种鸽有时因故离巢，另一只也会主动接替。

（3）育雏期 指自乳鸽出生至能独立生活的阶段。雏鸽出壳后，父母鸽轮流哺喂鸽乳（嗉囊中半消化的乳状食糜），10 日龄后哺喂嗉囊中软化的饲料。人工育雏的前 10d 成活率很低，故一般从 15 日龄左右才开始。在乳鸽 2～3 周龄后，亲鸽又开始交配、产蛋、抱窝。

正常情况下，肉鸽的繁殖周期为 45d，饲养管理条件好时繁殖周期可缩短至 30d。

2. 配对 肉鸽性成熟后，变得非常活泼，情绪不稳，早晨"咕-咕"的啼叫声也比较响亮，此时即进入发情期，具备择偶、交配、繁殖后代的能力。鸽在配对上笼前，应检查体重、年龄及健康状况，符合标准的可选择上笼。上笼的方法是：先将公鸽按品种、毛色等有规律地上笼，把同品种、同羽色的公鸽放在同一排或同一鸽舍里；公鸽上笼 2～3d，熟悉环境后用同样的方法，选择母鸽配对上笼。实行小群散养的鸽场及家庭鸽舍，也可用同法上笼配对，配对认巢后再打开笼门让亲鸽出来活动，避免出现争巢、打架现象。

3. 繁殖行为

（1）正常繁殖行为

①相恋行为：配对上笼后，公鸽追逐新进笼的母鸽，1～2d 后公、母鸽形影不离。两者时常相吻（图 2-6），公鸽常常用喙轻轻梳理母鸽的头部、颈部及背部羽毛，多次交配后母鸽产蛋。

②筑巢行为：公、母鸽配对后，共同筑巢，公鸽衔草，母鸽做巢，一般在母鸽产蛋前 3～4d（即配对后 1 周左右）做好蛋巢。家庭养鸽可事先人工做好蛋巢。

图 2-6　公、母鸽接吻

③产蛋与孵化行为：每窝产 2 枚蛋。交配后 2～3d 开始产第 1 枚蛋，时间通常在下午 4：00—6：00，过 1～2d 后再产第 2 枚蛋。母鸽产下 2 枚蛋后，公、母鸽轮流孵化，配合默契。

（2）异常情况的检查与处理

①全公或全母：若上笼后两鸽经常打架，或两鸽低头、鼓颈，相互追逐，并有"咕咕"的叫声，则可能 2 只全为公鸽；若两鸽上笼后连续产蛋 3～4 枚，则可能 2 只全为母鸽，应将配错的同性鸽拆开重配。

②"同性恋"：若上笼后两鸽感情很好，但 1 个多月仍未产蛋，应仔细观察是否为公鸽"同性恋"，若是则应立即将其拆开。

③产蛋异常：若每窝产 1 枚蛋或产沙壳蛋，则应供给足够营养水平的饲料和成分齐全的保健砂。

④破蛋或不孵蛋现象：初产鸽往往情绪不稳定，性格较烈，或是由于鸽有恶习常将蛋踩破，或弃蛋不孵，或频频离巢，导致孵化失败。这时应调换鸽笼，或改变其生活环境。

⑤母鸽不成熟或一方恋旧：有些公、母鸽配对确实无误，但两者感情不和，公鸽不断追逐母鸽，母鸽拒绝交配。应检查母鸽是否成熟，若母鸽尚未成熟，不到育龄，可重换发情的母鸽配对。也有可能配对的公、母鸽有一方在配对前已有"对象"，对眼前的"对象"没有感情。出现这种情况时，可先在笼的中间加设铁丝网，将两鸽隔开，使彼此可以看到，经 2～3d 就能培养出感情。

⑥群养鸽公、母比例不适宜：在群养鸽中，如果公鸽数量多于母鸽，鸽群就会出现争偶打架的现象，导致受伤或交配失败。

⑦不抱窝：初产种鸽不会抱窝的现象较常见，应及时清除巢中的粪便，并垫上麻袋片，放些羽毛、杂草和鸽蛋（最好是无精蛋）引孵，两三次后初产种鸽便会自动抱窝。育雏后种鸽不抱窝时，可用布将鸽笼遮暗，创造一个安静的环境或将种鸽放到另一个笼子里。屡教不改的可淘汰或让保姆鸽孵化。

⑧抱空窝：对抱空窝2个月以上不产蛋的鸽应采取相应的措施，如拆掉蛋巢或将其更换到光线较亮的鸽笼里。若仍无效果，则应及时淘汰。

（3）提高繁殖率的措施

①选择优良的种鸽：理想的高产种鸽年繁殖乳鸽8~10对，至少应为6对。优良种鸽应性情温顺，孵化、育雏能力均较强。

②选择体重大的种鸽：在肉鸽生产中，乳鸽体重应达到600g以上。一般体重大的种鸽，生产的乳鸽体重也较大。

③加强饲养管理：注意饲料、保健砂营养全面，并充分供给；保证供给清洁、充足的饮水；保证鸽舍安静，少惊动孵蛋鸽，以降低损耗率和雏鸽死亡率。

④缩短换羽期：在选种时应注意选择换羽期短或在换羽期继续产蛋的鸽种，这是提高鸽繁殖率的有效措施。

三、鸽蛋孵化与保姆鸽的使用

1. 自然孵化　正常情况下，鸽在产下第2枚蛋后开始孵化，公、母鸽轮流孵蛋，直至乳鸽出壳。孵化期间，鸽的精神特别集中，警戒心特别高，所以一般不要去摸蛋或偷看其孵蛋；同时，严禁外人进鸽舍参观，保持鸽舍环境安静，让鸽安心孵蛋。

种鸽孵化期间，需提高饲料的营养水平，粗蛋白的含量应在18%~20%，代谢能达12.1MJ/kg，并增加多种维生素和微量元素的供给，保证种鸽获得充足的营养，为哺乳乳鸽做好准备。

2. 人工孵化　人工孵化条件见表2-3。

表2-3　肉鸽人工孵化条件

孵化温度（℃）			孵化湿度（%）			照蛋时间（d）		落盘时间（d）	出雏时间（d）	孵化期（d）
前期	中期	后期	前期	中期	后期	头照	二照	15~16	17~18	18
38.7	38.3	38	65~70	50~55	65~75	5	10			

肉鸽的孵化期为18d，孵化期间应做好以下管理工作：

（1）日常管理　孵化期间应经常检查孵化器和孵化室的温度、湿度情况，观察机器的运转情况。孵化器内水盘每天加一次温水。

（2）照蛋检查　在孵化过程中应定时抽检胚蛋，以掌握胚胎发育情况，并据此控制和调整孵化条件。全面照蛋检查一般进行2次，5d进行头照，若见蛋内血管分布均匀，呈蜘蛛网状，即为受精蛋；若见蛋内血管不均匀，则为死精蛋；若蛋内透明，则为无精蛋，应取出无精蛋和死精蛋。10d进行二照，若见蛋内一端乌黑固定不动，另一端气室增大空白，则为胚胎发育较好；若蛋的内容物呈水状流动，壳呈灰色，则该蛋为死胚蛋。取出死胚蛋，将发育正常的胚蛋移至出雏盘。

（3）出雏　在孵化条件掌握适度的情况下，孵化期满即出雏。出雏期间不要经常打开乳化机器的门，以免降低机内温度，影响出雏的整齐度，一般情况下每2～6h检查一次。已出壳的雏鸽应待绒毛干燥后分批取出，并拣出空蛋壳，以利继续出雏。

（4）做好孵化记录　为使孵化工作有序进行和分析总结孵化效果，应认真做好孵化管理、孵化进程和孵化成绩的记录。实践证明采用人工孵化后，可以使种鸽的产蛋周期从原来的31～38d缩短到10～15d，受精蛋的孵化率提高10%～25%，破蛋率减少10%～20%，产蛋量提高5%～20%，大大提高了种鸽的利用率，降低了养殖成本。对于规模化鸽场来说，实施人工孵化后能更好地发挥种鸽的最佳生产性能。

3. 保姆鸽的使用　将需要代孵的蛋或代哺的乳鸽拿在手里，手背向上，以防产鸽啄破蛋或啄伤啄死仔鸽，趁保姆鸽不注意时轻轻将蛋或乳鸽放进巢中。这样，保姆鸽就会把放入的蛋或乳鸽当作是自己的，继续孵化或哺育。

四、乳鸽的人工哺育技术

1. 鸽乳的特点　鸽乳呈微黄色的乳汁状，与豆浆相似，状态和营养成分随乳鸽日龄的增大而变化。第1～2天的鸽乳，呈全稠状态；第3～5天的鸽乳，呈半稠状态，乳中可见细碎的饲料；第6天以后的鸽乳，呈流质液体，并与半碎饲料混合在一起。

2. 人工鸽乳的配制　参考配方为：雏鸡料90%、鱼粉5%、熟食用油4%、微量元素及维生素添加剂1%，少许鸡蛋清，适当添喂健胃药。上述原料调匀后将温度控制在40℃左右即可哺喂。哺喂1～5日龄鸽，调成流质状；哺喂6～10日龄鸽，调成糊状；哺喂11～26日龄鸽，调成干湿料状。

3. 乳鸽的人工哺育技术　1～3日龄的乳鸽，用20mL的注射器饲喂，每次喂量不宜太多，每天喂4次。4～6日龄的乳鸽，可用小型吊桶式灌喂器饲喂。7日龄以后的乳鸽，可用吊桶式灌喂器、气筒式哺育器、脚踏式填喂机或吸球式灌喂机填喂，一般每天饲喂3次，每次不可喂得太多，以防消化不良。乳鸽上市前7～10d改用配合饲料人工育肥。

第四节　饲养管理技术

科学的饲养管理技术既为肉鸽健康生长、发挥优良生产性能奠定了基础，又为提高肉鸽养殖的经济效益提供了保证。

一、肉鸽的营养需要

肉鸽的主要营养需要见表2-4。

表 2-4　肉鸽的主要营养需要

项目	青年（商品）鸽	非育雏期种鸽	育雏期亲鸽
代谢能（MJ/kg）	11.72～12.14	11.72	11.72～12.14

（续）

项目	青年（商品）鸽	非育雏期种鸽	育雏期亲鸽
粗蛋白（%）	14～16	12～14	16～18
钙（%）	1.0	1.0	1.5～2.0
有效磷（%）	0.4	0.4	0.4～0.5
食盐（%）	0.30	0.35	0.35
蛋氨酸（%）	0.28	0.27	0.30
赖氨酸（%）	0.60	0.56	0.78

二、保健砂的配制与使用

1. 保健砂的作用　保健砂用于补充矿物质、维生素，帮助肉鸽消化、预防疾病。保健砂在肉鸽的各养殖时期均不可缺少。

2. 保健砂的配制　按配方将各种原料充分混合均匀，可制成不同的保健砂。

（1）粉状　按比例分别称取各种原料，充分混匀即成。粉状保健砂配制方便，省时省力，便于鸽采食。

（2）球状　把所有的原料称好后，按料水比例 5∶1 加入水，搅拌调和，用手捏成重 200g 左右的圆球，放在室内阴干 2～3d，存于容器备用。

（3）湿型　在配制时，暂不加入食盐，先把其他原料称好拌均匀，再把应加的食盐溶化成盐水倒入粉状保健砂中，用铁铲拌匀即可。水的用量按每 100kg 粉状保健砂加水 25kg 计算。

（4）保健砂配方

配方 1：黄泥 20%，砂粒 30%，贝壳粉 30%，骨粉 10%，石膏 5%，食盐 2%，木炭粉 2%，龙胆草、甘草、生长素共 0.5%，其他添加剂 0.5%。

配方 2：贝壳粉 40%、粗砂 35%、木炭末 6%、骨粉 8%、石灰石 6%、食盐 4%、红泥 1%。

以上是保健砂的基本成分，维生素、氨基酸和抗病药物等适当补充并现配现用。配制保健砂时，应特别注意多种维生素、微量元素、氨基酸及药物一定要混合均匀，食盐和硫酸铜等结晶颗粒原料应先研成粉状或经水溶解后再拌入保健砂中。保健砂的配制量按所养鸽的数量来估计，每 2～3d 需全部更换一次。

3. 保健砂的使用　保健砂应现配现用，保证新鲜，防止某些物质被氧化、分解或发生不良化学变化而影响功效。保健砂应每天定时定量供给，一般在上午喂料后才喂；每次的给量也应适宜，育雏期亲鸽多给些，非育雏期则少给些，通常每对鸽供给 15～20g，即 1 汤匙左右。保健砂的配方应随鸽的状态、机体的需要及季节等有所变化。每周应彻底清理 1 次剩余的保健砂，更换新配的保健砂，保证质量，免受污染。

三、肉鸽的饲养管理

1. 肉鸽的日常管理

（1）饲喂　喂料要坚持少给勤添的原则，保证定时、定量，并根据不同生长阶段合理调整饲料配方。肉鸽一般日喂2次（上午8：00和下午4：00左右），每次每对种鸽喂45g。育雏期中午应多喂1次，喂量视乳鸽大小而定，10日龄以上的乳鸽一般上、下午各喂70g，中午喂30g左右。定时、定量供给保健砂，一般每天上午9：00左右供给新配保健砂1次，每对鸽每天供15～20g。育雏期亲鸽多给些，青年鸽和非育雏期亲鸽少给些。10日龄以上的乳鸽每日约采食15g。

（2）饮水　全天供给充足、清洁的饮水。鸽通常先吃料后饮水，没有饮过水的亲鸽不会哺喂乳鸽。一对种鸽日饮水量约300mL，乳鸽增加1倍以上，热天饮水量也相应增多。因此，应让鸽自由饮水，并要保证饮水的清洁、卫生。

（3）洗浴　天气温和时每天洗浴1次，炎热时每天2次，天气寒冷时每周1～2次。单笼饲养的种鸽洗浴较困难，洗浴次数可少些，可每年安排1～2次专门洗浴，并在水中加入敌百虫等药物，以预防和杀灭体表寄生虫。洗浴前必须让鸽饮足清水，以防其饮洗浴用水。

（4）清洁消毒　群养鸽每天清粪1次，笼养种鸽每3～4d清粪1次。水槽、饲槽除每天清洁外，每周应消毒1次。鸽舍、鸽笼及用具在进鸽前可用甲醛溶液或高锰酸钾溶液熏蒸消毒；舍外阴沟每月用生石灰、漂白粉等消毒并清理；乳鸽离开亲鸽后应清洁消毒巢盘。

（5）保持鸽舍安静和干燥　鸽舍阴暗潮湿，周围环境嘈杂会严重影响鸽的生产，也易导致其发生疾病。因此，应避免鸽舍潮湿，保持环境安静，给鸽提供良好的生活和生产场所。

（6）观察鸽群　认真观察鸽的采食、饮水、排粪等，做好每天的查蛋、照蛋、并蛋和并雏工作，并做好必要的记录。

（7）疫病预防　坚持预防为主的原则，平时应根据本地区及本场实际，对常见鸽病制定预防措施，发现病鸽及时隔离治疗。

2. 肉鸽不同生长阶段的饲养管理　根据生长发育特点将肉鸽分为乳鸽（1～28日龄）、童鸽（29～50日龄）、青年鸽（51～180日龄）和种鸽。

（1）乳鸽（1～28日龄）的饲养管理　刚出壳的乳鸽，眼睛未睁开，身披黄色胎绒毛，卧于亲鸽腹下；出壳2h后亲鸽便开始用喙给乳鸽吹气、泌乳；再过2h亲鸽开始哺乳鸽。3～4d后，乳鸽体重达110～120g，眼睛开始睁开，身体也逐渐强壮，羽毛开始长出，消化能力增强，亲鸽的喂乳次数增多，每日达10余次。7日龄乳鸽（图2-7）体重达210～220g，需留种的乳鸽此时应戴上脚环，脚环上标明出生日期、出生体重及号码。

乳鸽长到10日龄左右（图2-8），羽毛已经很多，亲鸽喂给的是半颗粒饲料，乳鸽会出现消化不良的情况。为防止出现消化不良，并使乳鸽多进食，应给其服用酵母片等健胃药。

图2-7 7日龄乳鸽　　　　　　　　　图2-8 10日龄乳鸽

（图片由中山市石岐鸽养殖有限公司李正晟提供）

15日龄的乳鸽，体重达450g以上，羽毛基本长齐，活动自如，可捉离巢窝，放于笼底部，安置在草窝、麻布或木板上。此时的乳鸽还需亲鸽饲喂，但亲鸽喂给乳鸽的全是颗粒饲料（与亲鸽所吃的饲料相同），而多数亲鸽又开始产蛋。

20日龄后的乳鸽，羽毛已经丰满，能在笼内四处活动。此时应及时离亲，进行人工育肥。25～28日龄的乳鸽可上市销售。

为提高乳鸽的成活率和亲鸽的繁殖力，在乳鸽管理上应特别注意以下几点：

①调教亲鸽哺喂乳鸽：个别年轻的亲鸽不会哺喂乳鸽，致使乳鸽出壳5～6h仍未受哺。此时，应进行人工调教，即把乳鸽的喙小心地放进亲鸽的喙内，反复多次后亲鸽即能哺喂乳鸽。对于仍不会哺喂的乳鸽，可由保姆鸽代哺。

②调换乳鸽的位置：在6～9日龄乳鸽会站立之前，每隔2～3d将同一窝的2只乳鸽调换一次位置，以使其得到种鸽的平衡照顾，保证个体发育相近。

③调并乳鸽：一窝仅孵出一只乳鸽或一对乳鸽因中途死亡仅剩一只的，都可以合并到日龄相同或相近的其他单鸽或双鸽窝里，以避免因仅剩下一只乳鸽往往被亲鸽喂得过饱而引起积食的现象。并雏后不带仔的种鸽可以提早10d产蛋，缩短产蛋期。

④添喂保健砂：给乳鸽人工添喂粒状保健砂，能使乳鸽肠胃保持旺盛的消化和良好的吸收状态，使其正常生长发育。5日龄时，每天喂1次，每次喂1粒（黄豆粒大小），随着日龄的增大而适当增加。10日龄以后，每天喂2次，每次喂2～3粒。

（2）童鸽（29～50日龄）的饲养管理　留种的乳鸽从离巢群养到性成熟配对前为童鸽。童鸽是选种留种的最佳时期。童鸽转入童鸽舍群养，结合转群进行初选，凡符合品种特征、生长发育良好、体重达到要求的乳鸽，均应装上脚环，经性别鉴别后分别放入公、母童鸽舍饲养。加强保健砂和饲料营养的供给，粒状饲料应稍加粉碎，以便于吞食，坚持少量多次的饲喂原则，并进行饮水调教。同时，提供良好的生活环境，注意保温，防止伤风感冒，保持适宜的饲养密度。

（3）青年鸽（51～180日龄）的饲养管理

①51～120日龄换羽期的饲养管理：提高饲料质量，增加饲料中能量与蛋白质的供应量（含粗蛋白16％～18％），并增加含硫氨基酸的比例。每天喂2次，每只喂50g。保健砂应勤添，并适当增加石膏的含量。加强卫生管理，每天清扫鸽舍，每周按时消毒。

②121～150日龄的饲养管理：适当限制饲喂，以控制其发育。饲料中粗蛋白含量在14％左右，每天喂2次，每只喂30g。

③151～180日龄的饲养管理：饲料中粗蛋白含量约15％，保证性成熟一致，为配对做好准备。3～4月龄应进行一次驱虫和选优去劣工作，6月龄时同时进行驱虫、选优和配对上笼三项工作，同时减少对鸽的应激刺激。

（4）种鸽的饲养管理

①新配对期种鸽的饲养管理：对初配对头一天的种鸽，饲养员要仔细观察，发现个别配对不当或错配的，应及时拆散重配。在1周内将饲料由青年鸽料逐渐过渡到产鸽料。每天保持光照时间17h左右，光照强度为10～25lx。

②孵化期种鸽的饲养管理：种鸽配对成功后8～10d开始产蛋，产蛋前安置好巢盆，铺好垫料，做好孵化期的查蛋、照蛋和并蛋工作，及时检查产蛋情况，及时拣出破蛋和畸形蛋。孵化4～5d头照，剔除无精蛋；孵化10d二照，剔除死胚蛋。对窝产1枚蛋或照蛋后剩1枚者，将产期相同的2枚蛋合并孵化，以提高生产率，同时做好保暖、降温工作。

③哺育期种鸽的饲养管理：对不会哺育的种鸽要进行调教。不能哺育或死亡的种鸽，应将其所产乳鸽合并到其他日龄相同或相近的窝中。在乳鸽13日龄左右时，在巢盆下放置草窝，将乳鸽移入草窝内，巢盆经清洗、消毒后放回原处，以便种鸽再次产蛋。产鸽1周内喂给乳鸽乳状食糜，1周后哺喂浆粒和经浸润的粒料，同时给产鸽饲喂颗粒较小的饲料。此时期产鸽担负着哺乳和孵化的双重任务，应增加饲料营养和饲喂次数。

④换羽期种鸽的饲养管理：在此期间，除高产种鸽继续产蛋外，其他种鸽普遍停产，可对鸽群进行整顿，淘汰病鸽、生产性能差及老龄、少产的种鸽，补充优良的种鸽。降低饲料中的蛋白质含量，并减少给料量，实行强制换羽。换羽期间，保证饮水充足，换羽后期应及时恢复饲料的充分供应，并提高饲料中的蛋白质含量，促使种鸽尽快产蛋。同时，对鸽笼及鸽舍内、外环境进行一次全面的清洁消毒。

3. 肉鸽疫病预防　根据本地疫病流行情况制订免疫程序，并严格执行。推荐免疫程序为：1月龄鸡新城疫Ⅳ系疫苗4倍量滴鼻或饮水（或鸽新城疫灭活疫苗皮下或肌内注射），禽流感疫苗注射；6周龄左右鸽痘疫苗刺种；2月龄、6月龄鸽新城疫灭活疫苗胸部肌内注射0.5mL；以后每年3—4月及9—10月各接种1次鸽新城疫灭活疫苗和禽流感疫苗。

四、鸽舍与鸽笼

1. 鸽场的选择要求　选择地势高燥，阳光充足，通风良好；水源充足，水质良好，排水方便，没有"三废"污染；交通方便，但应远离交通要道；能保证正常供电；土质坚硬，渗透性强，雨后易干燥的砂壤土作为场地。

严格遵守《畜禽规模养殖污染防治条例》中的相关规定，禁止在下列区域内建设肉鸽养殖场：饮用水水源保护区，风景名胜区，自然保护区的核心区和缓冲区，城镇居民区、文化教育科学研究区等人口集中区域，以及法律、法规规定的其他禁止养殖区域。

必须符合当地农牧业总体发展规划、土地利用开发规划和城乡建设发展规划的用地要求，以不占用基本农田，节约用地，合理利用荒坡、废弃地为原则。

应当符合畜牧业发展规划、畜禽养殖污染防治规划，满足防疫条件，并进行环境影响评价。对环境可能造成重大影响的大型养殖场，应当编制环境影响报告书；中小养殖场应当填报环境影响登记表。根据养殖规模和污染防治需要，建设相应的粪便、污水综合利用和无害化处理设施。

2. 鸽场布局　肉鸽场建筑设施包括生活管理区、辅助生产区、生产区、粪污处理区和病鸽隔离区等功能区，各区之间界限明显，联系方便。主导风向：生活管理区→辅助生产区→生产区→粪污处理区和病鸽隔离区。具体布局应遵循以下原则：

（1）生活管理区　包括与经营管理有关的建筑物（办公室、宿舍、食堂等），在全场的上风和地势较高的地段，并与生产区严格分开，保证50m以上的距离。

（2）辅助生产区　主要包括供水、供电、供热、维修、料库等设施，要紧靠生产区布置。饲料库、饲料加工调制间（或拌料间）等应设在生产区边沿下风地势较高处，饲料加工调制间（或拌料间）也应与生产区、生活管理区保持50m以上的距离。

（3）生产区　主要包括鸽舍和饲养员工作间等生产性建筑，应设在场区的下风位置，入口处设人员消毒室、更衣室和车辆消毒池。生产区具有配套合理的育雏、育成和产蛋各阶段鸽舍，并划分成相对独立的生产小区，各生产小区之间保持50m以上的隔离空间，小区内每栋鸽舍间距为4～5个舍高的距离。场内道路应分设净道和污道，保证净道和污道严格分开，路面应作硬化处理，主干道宽6m，支干道宽3m。生产区应充分利用土地空间，种植树木、草坪，净化环境。生产区周围应建造围墙，墙高2m，净道出入口大门、污道出入口大门和消毒池应与外界保持隔离。

（4）粪污处理区与病鸽隔离区　主要包括兽医室、病鸽隔离区、病死鸽处理区、粪污贮存与处理设施。应设在生产区外围下风地势低处，与生产区保持100m以上的间距。粪污处理区、病鸽隔离区应有单独通道，便于病鸽隔离、消毒和污物处理。

污粪处理方案：建有污水与雨水分流设施，粪便、污水的贮存设施，以及粪污厌氧消化和堆沤、有机肥加工、粪污制取沼气、沼渣沼液分离和输送、污水处理、尸体处理等综合利用和无害化处理设施。

3. 鸽舍与鸽笼的建造

（1）群养式鸽舍 群养式鸽舍一般称鸽棚（图2-9）。鸽棚活动空间大，既利于鸽的运动，又可避免其过肥，尤其适用于饲养后备青年种鸽。鸽棚的底面最好用尼龙网或金属网铺起来，避免鸽粪在上面堆积。底面离地面的距离应有80cm以上，地面应是水泥或其他硬质地面，以方便打扫鸽粪。鸽棚的其他材料无特殊要求，只要尽量透气透光即可。如欲饲养种鸽，则应设置柜式鸽笼，为每对产鸽准备一个蛋盘。不论是养青年鸽还是种鸽，均可在棚内设置一些栖架。

图2-9 鸽棚

（图片由海南鸽业协会会长郑勇提供）

（2）笼养式鸽舍 鸽舍长20～30m，宽约3m，高3～4m，墙高约2m。鸽笼有组合笼和单列笼。可采用层叠式组合笼，一组可养12对生产鸽，一般分3层，每层4个小格，每格规格为长、宽、高分别为65cm、50cm、55cm。单列笼式鸽舍的大小因饲养数量而定，数量较少时可利用旧房舍改造。气候温暖的地区可建成全开放式，利于防暑通风，在外围挂活动式的彩条尼龙布，必要时放下防晒和防寒。鸽笼在舍内靠两侧墙壁排两列或四列，又可两两合并成两大列。舍内中央留1～2m的工作通道，饲槽、饮水设备及保健砂杯置于笼的前面。

4. 养鸽器具 养鸽器具主要有巢盆、食槽、饮水器、保健砂杯、假蛋和鸽环等。每对种鸽需有2个巢盆，供产蛋、孵化、育雏用。按材质划分，巢盆有石膏盆、瓦钵、木盆等多种类型，一般直径在24cm左右，高8cm，使用时需内垫软草。

第三章

黑水虻的养殖技术

黑水虻是一种双翅目、水虻科的昆虫，又称光亮扁角水虻，能够取食禽畜粪便和生活垃圾，生产高价值的动物蛋白饲料，因其具有繁殖迅速、食性广泛、吸收转化率高、容易管理、饲养成本低、动物适口性好等特点，故可以被资源化利用。其幼虫被称为"凤凰虫"，是与蝇蛆、黄粉虫、大麦虫等齐名的资源昆虫。黑水虻原产于美洲，目前为全世界广泛分布（南北纬 40°之间），在我国广布于贵州、广西、广东、上海、云南、台湾、湖南、湖北等地。

第一节　生物学特性

一、形态特征

1. 成虫　翅灰黑色，口器退化，体长 15～20mm，身体主要为黑色。雌虫腹部略显红色，第二腹节两端各具一白色半透明的斑点；雄虫腹部偏青铜色。黑水虻个体较大，成熟的幼虫重量是家蝇蛆的 10 倍左右。

2. 卵　直径约 1mm，为长的椭圆形，初产时呈淡黄色到奶色，后期逐渐加深，每个卵团大约包含 500 枚卵。

3. 幼虫　黑水虻幼虫体型丰满，头部很小，显黄黑色，表皮结实而有韧性。初孵化时为乳白色，大约 1.8mm 长。经过 6 个龄期，末龄幼虫（预蛹）身体为棕黑色。平均长约 18mm，宽 6mm，部分个体长可达 27mm。

4. 蛹　蛹壳为暗棕色，为末龄幼虫蜕皮形成的围蛹，剖开可见蛹体。

二、生活史

黑水虻以老熟幼虫或预蛹越冬，越冬场所为覆盖有树叶、杂物的浅土层。蛹通常在 3 月初温度升高时羽化，羽化的成虫寿命短，完成交配和产卵后即死亡，大概需要 35d，但随环境的不同有很大差异。从养殖经验来看，黑水虻在适宜条件下 28d 就能完成 1 代，而在极端严酷环境下则有可能延长至 8 个月，其中蛹期的波动最大，为 1 周至 6 个月。

成虫羽化后即能交尾，2～3d 后开始产卵，单雌虫产卵量约 800 枚。黑水虻种群中，雌雄性比约为 1∶1，雌成虫寿命 7～9d，雄成虫寿命 6～7d。成虫有时有访花习性，以植物分泌的汁液和蜜露为食。成虫的栖息地通常为有矮灌木的绿地，雌成虫寻找新鲜的有机质作为产卵场所，并将卵产在食物附近干燥的缝隙中。幼虫共有6龄，自3龄之后取食量增大，6龄后进入预蛹期，从乳白色转为深褐色，并从取食环境中迁出，寻找干燥、阴凉、隐蔽的化蛹场所，有明显的避光性和趋缝性。

三、交配行为

黑水虻的成虫羽化后通常停歇在绿色植物的叶片上，因此适宜交配的环境为有矮灌木的绿地。交配行为通常发生在有强烈阳光的正午时分，阳光是能够诱导产生交配行为的主要环境因子。黑水虻的交配行为在飞行过程中进行，雄成虫在空中追逐雌成虫，并迅速进行外生殖器的对接，然后落在附近的叶片或地面上，头背向、尾相接成"一"字形进行受精，受精过程持续20～30min。受精完成后生殖器分离，交配行为结束。

第二节　饲养管理技术

一、成虫饲养

黑水虻成虫寿命较短，雌成虫平均寿命只有7～9d，雄成虫平均寿命只有6～7d。羽化的成虫从土层中钻出后需要静息一段时间（约半小时或更长），完成展翅以及表皮的鞣化增色过程。能够飞翔的成虫通常停留在灌木或草本植物的叶片上，飞行速度快，有一定的趋光性。成虫口器为舔吸式，消化功能有一定程度的退化，不能分泌唾液进行体外消化，但是能吸食水分或植物的汁液。试验显示，以蜂蜜水或蔗糖水饲喂的成虫具有较强的活动能力，但是与用清水对照的成虫在存活天数方面没有显著差异。分析认为黑水虻成虫仍然需要补充糖分作为飞行能源，其取食过程与成虫寿命和生殖发育过程可能无关。

饲喂成虫的器具采用1cm左右高的塑料盘，一定要在盘中放上1cm左右高的海绵，将糖水淋在海绵上，保证水不溢出即可，根据海绵的干湿程度每天适当添加糖水。海绵需要每1～2d清洗1次，1周左右更换。

成虫饲养条件参数：环境温度不低于16℃，补充蔗糖水或蜂蜜水（浓度低于10%），较为宽敞的空间，具有宽大叶片的灌木植物，有日光照射。

二、采卵

是否能够方便、迅速地集中采卵是黑水虻规模化养殖的关键环节，唯其如此，才能有效地控制环境因子，实现操作过程的程序化和标准化，以及获得龄期一致的幼虫。

黑水虻的产卵习性非常适宜于实现集中采卵。第一，雌成虫产卵场所的选择受食物信息的诱导，因此可以利用饵料诱集黑水虻在固定区域产卵。第二，雌成虫是一次性产卵，卵粒晶莹透明，排列整齐，形成卵块，利于集中收获。第三，黑水虻并不会将卵直接产于食料上，而是选择附近较为干燥的缝隙。根据此特性，可设计适宜于黑水虻产卵的一次性卵诱集器，置于食料附近，以方便收获大量的卵。

三、常温孵化

将收集的卵诱集器置于透明的塑料盒内，盒底均匀铺垫一层由鱼粉、麦麸、花生麸配制的初孵幼虫饲料，环境温度为25℃，相对湿度大于80%，加盖防蝇网，必要时用喷壶补充水分，3d左右就能孵化。同一卵块的幼虫孵化时间非常接近，因此可以获得龄期非常一致的虫态。

孵化是养殖中最要用心做的工作，进行规模养殖时要设立独立的孵化间，必要时最好安装空调，保证温湿度适宜。

四、幼虫饲养

初孵幼虫至3龄幼虫体积小，食量不大。为提高禽畜粪便的处理效率和黑水虻幼虫的成活率，最优的方案是将黑水虻幼虫饲养至3龄后再进入禽畜粪便的处理程序。黑水虻幼虫的饲养程序相对简单，以透明塑料盒或塑料盘为饲养器具，以花生麸和麦麸为主要饲料，环境温度为25℃，盘内食料温度为30～32℃；环境相对湿度不低于60%，盘内湿度不大于80%，加盖防蝇网，每隔24h更换一次食料。初孵幼虫至3龄幼虫的发育期为6～7d，待获得大小一致、体色乳白、健康活泼的3龄幼虫即可用于餐厨垃圾、禽畜粪便、腐败蔬果的生物处理。

幼虫的饲料配方参考：

（1）刚孵化出来1～4d幼虫配方：麦麸90%，玉米粉与动物油脂各5%，添加剂（如蛋白昆虫人工养殖高效增产剂）少量，将含水量调制在70%左右。

（2）1周内的各种动物粪便，发酵1～2d使用，发酵剂可以选择蛋白昆虫人工养殖高效增产剂。在发酵完成且用于饲养幼虫前添加2%～10%的动物油脂、动物血、动物下脚料，能够明显提高生长速度和产量，饲料的最佳含水量是70%左右。

（3）各种餐厨垃圾100%；或者餐厨垃圾50%、其他50%（各种动物粪便、酒糟、酱油渣及切碎的水果蔬菜废弃料等），发酵1～2d使用。发酵剂可以选择蛋白昆虫人工养殖高效增产剂，含水量为70%左右。新鲜餐厨垃圾含水量太多，可以使用糠麸类、其他食品加工废弃物、秸秆粉、锯末等进行调节。

（4）农贸市场各种废弃物（嫩玉米芯、鱼内脏、鱼鳞、屠宰畜禽下脚料、豆腐渣等）可以自由组合，发酵1～2d使用。发酵剂可以选择蛋白昆虫人工养殖高效增产剂，含水量达到70%即可。

（5）可以食用的凤凰虫（人们对黑水虻幼虫的美称）养殖配方：高蛋白牧草（糖蔗1号牧草和蜜蔗1号牧草，含糖高，效果最佳；新型皇竹草和其他牧草的效果也行；禾本科象草类牧草刈割高度为1m左右最佳）或其他水果、蔬菜下脚料，切碎，与30%的麦麸、15%的玉米粉、5%的动物油脂，以及少量蛋白昆虫人工养殖高效增产剂，将含水量调制在70%左右，混合后直接投喂。用这种配方，幼虫的产量高，生长速度快，养殖出来的凤凰虫可以送到各大餐厅做成非常美味、高价的昆虫菜肴。

黑水虻幼虫的饲料来源十分广泛，但要注意以下 3 个方面：

一是不要采用单一原料。根据资源进行多种组合的效果比单一的效果好，比如牛粪、鸡粪、豚鼠粪都可以养殖，但如果添加少量的豆渣、酒糟、泔水等混合发酵后则养殖效果会更好。

二是大部分饲料一定要先厌氧发酵后再饲喂。例如，建议使用发酵剂——蛋白昆虫人工养殖高效增产剂。发酵的好处不仅仅是在厌氧环境下能够让益生菌处于优势，而其他虫卵、蝇蛆等也会大大减少或灭亡；另外，也能够极快地分解粗纤维产生大量的单糖。因此，适口性更好，增产效果十分明显。

三是要掌控含水量。最佳的含水量是 65%～80%，含水量低于 50% 时幼虫采食困难，高于 85% 时幼虫生长缓慢。

五、预蛹

黑水虻幼虫经 5 龄后体色逐渐变为黑褐色，体壁硬化，停止取食，进入预蛹阶段。预蛹阶段的黑水虻肠道内没有食物，有迁出食物的行为，并寻找干燥、阴凉、隐蔽的场所化蛹，但同样有避光性和趋缝性。黑水虻预蛹具有更强的抗逆性，因此是较为理想的贮存虫态。

收集用于补充黑水虻成虫种群数量的预蛹后，在残余的食料中加入适量的米糠和泥土，使其在养殖盘底部化蛹，然后置于成虫饲养室内，避雨避光，约 2 周后预蛹即可羽化出成虫，从而进行新一轮的循环。

这里需要说明的是：用于家禽、水产动物等养殖的黑水虻幼虫，最佳的采收期要在体色开始变为黑褐色、体壁硬化、停止取食前 3～5d。此时黑水虻幼虫是白白嫩嫩的，也是个大、饱满的阶段。收集这阶段的黑水虻幼虫是销售的最佳时期，也是饲喂动物的最佳时期。因为如果体色逐渐变为黑褐色，体壁硬化，停止取食后再收集，有的动物可能无法完全消化黑水虻幼虫的皮，造成浪费。

六、分离

黑水虻与食料残余的分离可通过两种方法进行：其一，自然迁出。黑水虻预蛹阶段有迁出食料的习性，因此在饲养容器中设计若干个有通道的出口，通道倾斜角度小于 15°，黑水虻在夜晚时即能通过倾斜的通道自行迁出饲养盘，在通道出口放置容器即能得到分离得十分干净的预蛹。其二，筛分。黑水虻取食后期，食物残余已经相当干燥，因此可以根据饲料颗粒大小选择适宜的筛目，通过分离过大和过小的食物块，也能得到含有少量杂质的黑水虻预蛹。

七、饲养注意事项

黑水虻虽然抗逆性强，但不适宜的环境条件也会严重影响其发育和存活。因此，需要尽可能地避免粗放管理，饲养中需要注意以下事项：

1. 温湿度 黑水虻幼虫对温湿度非常敏感，温度过低会导致其取食量下降，发育缓慢；而在温度过高的情况下幼虫会停止取食并逃离。湿度过高的危害最大，除诱发病害外，黏湿的食料因为透气性差会导致多数幼虫死亡，而过于干燥则会影响幼虫的取食效率。

2. 透气性 黑水虻虽然在水中淹没数天也不会死亡，但良好的透气性对于黑水虻的养殖仍然非常重要。透气性不良而环境温度过高时，会发生黑水虻幼虫集体逃离的现象。

八、场地选择和养殖设施

建立黑水虻养殖场所，最好选择在具有大量禽畜粪便和生活垃圾的地方，如养殖场内、农村菜市场旁边、造酒厂等地方，可以就近获得大量廉价饲料。以养殖场、村落为单位进行饲养，通过提高规模能缩减管理成本。

中小规模的黑水虻养殖不需要特殊设备，常规需求如下：

（1）中大型的网室，用于饲养黑水虻成虫和完成交配、产卵等行为。

（2）配有空调的房间1～2间，用于黑水虻卵的孵化和低龄幼虫的饲养。

（3）人工气候箱1～2套，用于黑水虻孵化时精确控制环境条件。

（4）塑料饭盒、养虫盘若干，用于饲养黑水虻初孵幼虫、低龄幼虫。

（5）花生麸、麦麸、动物油脂，用作饲养黑水虻幼虫的饲料。

（6）脱氢醋酸钠、水杨酸钠等防腐剂少量，确保幼虫（刚孵化出来的）饲料不馊变。

（7）木制或不锈钢制架子若干个，用于摆放养虫盘。

（8）冰箱1台，用于存放养殖材料或贮存预蛹。

04

第四章

蚯蚓的养殖技术

蚯蚓干体蛋白质含量高，可达 53.5%～65.1%。蚯蚓能分泌一种可分解蛋白质、脂肪和木纤维的特殊酶，该酶具有促进食物分解和消化的作用，能促进畜禽食欲、增强畜禽的代谢功能、提高饲料利用率、促进畜禽生长。因此，蚯蚓是畜禽和鱼类的优质蛋白质添加剂。蚯蚓在中药材中被称为"地龙"，能治疗多种疾病。蚯蚓作为食品在国外较普遍，已成为不少国家的名菜和高级食品，我国台湾及其他一些地区也有食用蚯蚓的习惯。蚯蚓对改良土壤结构、理化性质及增加土壤肥力有重要作用。此外，蚯蚓还可用于处理受重金属污染的土壤和城市的有机垃圾。

第一节　繁殖技术

一、种的选择

常见的蚯蚓种类有很多，但并不都能进行人工养殖。作为养殖的蚯蚓种类，要求对生活环境的适应性较强，生长速度快，个体大，繁殖力强，养殖方法简单和成本低等。

在我国进行人工养殖的蚯蚓有从国外引进的大平 2 号和北星 2 号，也有选择本地的赤子爱胜蚓、威廉环毛蚓等。大平 2 号和北星 2 号具有繁殖力强、适应性强、生长速度快的优点。赤子爱胜蚓虽然个体偏小，体长仅有 90～150mm，但生长周期短，繁殖力强，分布几乎遍布全国各地，容易解决引种的来源问题；另外，该种食性广泛，便于管理，饲料利用率高，能全年产卵。但该种对养殖条件的要求较高，螨类寄生虫较多。威廉环毛蚓个体中等大小，体长 150～250mm，分布广泛，容易存活，对养殖条件的要求不高。但该种的生长周期比赤子爱胜蚓长，繁殖率和饲料利用率也较低。

此外，分布较窄的背暗异唇蚓、直隶环毛蚓、参环毛蚓、中材环毛蚓和秉氏环毛蚓等，性情温顺，行动迟缓，对环境条件的适应性强，也有利于人工养殖。

二、繁殖过程

蚯蚓虽然是雌雄同体动物，但由于雄性生殖器官先发育成熟，故必须进行异体受精，互相交换精子，才能顺利完成有性生殖过程。有的蚯蚓在特殊情况下可以完成同体受精或孤雌生殖。无论是哪种繁殖方式，都要形成性细胞，并排出含 1 枚或多枚卵细胞的蚓茧（又称卵包、卵囊），这是蚯蚓繁殖所特有的方式。

1. 交配　蚯蚓性成熟后即可进行交配，目的是将精子输导到配偶的受精囊内暂时贮存，为日后的受精过程做好准备。不同种类的蚯蚓，交配方式不尽一致。当2条蚯蚓的精巢均完全成熟后，多于夜间在饲养床表面进行交配。它们的前端互相倒置，腹面紧紧地黏附在一起，各自将精子受入对方的受精囊内。经过1～2h，双方充分交换精液后才分开。精液暂时贮存于对方的受精囊中，7d后开始产卵。

赤子爱胜蚓交配时，2条蚯蚓前后倒置，腹面相贴，一条蚯蚓的环带区域正对着另一条蚯蚓的雄孔。环带分泌的黏液紧紧黏附着2条蚯蚓，在2条蚯蚓的环带之间有2条细长的黏液管相互粘连而束缚在一起。此时，平时腹面不易见到的纵行精液沟很明显。从雄孔排出的精液，向后输送到自身的环带区，并通过受精囊孔进入对方的受精囊内。当相互受精完成后，2条蚯蚓从相反的方向各自后退，蜕出束缚蚯蚓的黏液管，直到2条蚯蚓脱离接触。

2. 排卵　排卵时，蚯蚓的环带膨胀、变色，上皮细胞分泌大量的物质，在环带周围形成圆筒状卵包，其中含有大量白色黏稠的蛋白液。此时，卵子从雌性孔排出，进入蛋白液内。排卵后蚯蚓向后退出，卵包向身体前方移动，通过受精囊孔时，与从囊中排出的精子相遇而完成受精过程。此后卵包由前端脱落，被分泌的黏液封住，遗留于表土层至10cm深的土层中。表土层空气充沛，相对湿度适宜（50%～60%），腐殖质丰富，有利于蚓茧孵化和幼蚓的生长发育。

3. 蚓茧　当精子的交换过程完成之后，2条蚯蚓就分开，每条蚯蚓各自形成蚓茧。蚓茧基本上由前面的几个体节和环带所分泌的黏液及蛋白质构成。体壁肌肉的倒退蠕动，使得黏液管和蛋白质移到身体前端，最后前后封口脱落。在土壤中，黏液管分化瓦解，残留下蛋白质管，这就是蚓茧（图4-1）。因为其中含有受精卵，所以人们又称其为卵包。

图4-1　蚯蚓的蚓茧

蚓茧似黄豆或米粒大小，直径2～7.5mm，重20～35mg，多为球形、椭圆形、梨形或麦粒状等，其色泽、内含受精卵数目与蚯蚓种类有关。多数环毛蚓的蚓茧呈球形，淡黄色。参环毛蚓的蚓茧为冬瓜状，咖啡色；爱胜蚓属的蚓茧为柠檬状，褐色。异唇蚓属的蚓茧只含1枚受精卵，仅孵出1条幼蚓；正蚓科的蚓茧可孵出1～2条幼蚓；爱胜蚓属的蚓茧可孵出2～8条幼蚓，最多的达20条。

通常每条蚯蚓年产20多枚蚓茧，最少的有3枚，多的达79枚。平均每条蚯蚓每5d产生1枚蚓茧，如饲料充分、营养足够，则每2～3d可产1枚蚓茧。

蚯蚓产卵的最佳外部条件为：温度15～25℃（超过35℃则产卵量明显减少或停产）；饲养床含水率为40%（低于20%则死卵数增加）；要提供营养全面的配合饲料，使用畜粪比使用堆肥、垃圾、秸秆的产卵量约提高10倍；另外，还要求饲养床疏松透气，放养密度适宜。

第二节　饲养管理技术

一、饲养方法

1. 简易养殖法

（1）箱养法　把烂草、腐烂的枯枝落叶、烂菜、烂瓜果，以及造纸纤维、食品加工的废渣等有机废物，或牛粪、马粪等，先经堆积发酵，待温度下降至23～25℃时，装入木箱或竹筐、瓷盆、罐、桶等中，放入蚯蚓。经常喷水，保持饲料的相对湿度为60%～70%（一般以手捏成团，放手散开为宜），并用草席或旧麻袋覆盖遮光，在气温13～28℃下蚯蚓都能正常生长。温度太高或太低则应采取适当措施，如遮阳、喷水、通风等。

在北方冬季，则应移入室内或放入地窖或在地下挖坑，把养殖容器放入其中，上面覆塑料薄膜，利用阳光加温，晚上加盖草苫保温。在1m²面积、40cm高的饲料堆中，可养殖赤子爱胜蚓、北星2号、大平1号、大平2号等蚯蚓1.5万～3万条。每10～15d，根据采食情况添加1次饲料。养殖2～3个月后根据生长情况，进行翻箱采收，并把产在饲料中的蚓茧和成蚓分离，另行装箱培育。

（2）坑养及砖池养殖法　土坑或砖池的深度一般50～60cm，面积根据需要而定，可为1～20m²。先在坑内或池内底层加入15～20cm厚发酵好的饲料，上面铺1层10cm厚的肥土。如蚯蚓较多，可在土上再加1层10cm厚的饲料，上面再覆10cm厚的肥土。

大平1号、大平2号、北星2号等蚯蚓在春、秋两季养殖，放养密度为幼蚓6万～8万条/m²，成蚓1.5万～2万条/m²。冬季若加厚养殖层，成蚓可增到2万～3万条/m²；夏季减薄养殖层，成蚓可控制在1万条以内，种蚓0.5万～1万条/m²。

（3）堆肥养殖法　可取50%的田泥或菜园土和50%的已发酵好的培养料，两者混合均匀，堆成长宽高随意的长方体土堆，洒水，放入蚓种，再在土堆上加稻草等遮光的覆盖物。此法适于南方养殖，在北方4—10月的温暖季节，也可进行季节性养殖。

（4）温床养殖法（越冬养殖法）　根据地区和气候条件的不同而异。

①塑料大棚养殖法：养殖蚯蚓的大棚类似于蔬菜大棚，棚宽一般为5m，棚长30～60m，中间走道宽0.7m左右，两边2条蚓床宽2m，在2条蚓床的外侧开沟以利排水。

将发酵好的饲料放入床内,堆放高度为20cm左右,靠中间走道一侧留出20cm空间用于放养蚓种。也可在棚内设数层床架,上置饲养箱进行养殖。

②半地下温室养殖法:冬季严寒,低温季节长,可采用半地下温室养殖。选择避风朝阳的地方,挖宽6m、深1.6m、长度根据需要而定的土坑,地面铺砖,四周用砖砌墙。北墙、南墙分别高出地面2m和5m,两边留门和通气孔。温室顶部用木材等作为支架,并覆盖2层间距6～10cm的塑料薄膜,表面用尼龙绳或铁丝固定。室内主要依靠阳光供热。马粪发酵前如冻结,要预先加热融化,或踩实浇上热水或以草点燃熏热。在温室内,沿纵向堆积数条宽60～80cm、高40～50cm腐熟的马粪,为经常保持马粪处于发酵状态,温床四周的马粪要少添勤换,而发酵腐熟的即可作为养殖饲料。在晚上或雪天温室要用草苫覆盖。

2. 田间养殖法

(1)果园养殖法 在果树下沿树行堆积宽1.5～2m、高0.4m的饲料作为蚯蚓养殖床,每一个养殖床之间留一条走道,每隔2个养殖床开一条排水沟,养殖床饲料表面用稻草或麦草覆盖。注意经常浇水,保持饲料相对湿度在60％～70％。雨天要用塑料薄膜覆盖养殖床。

(2)饲料田养殖法 可选择地势平整的饲料田,开好灌水和排水沟。开宽、深各15～20cm的沟槽,施入有机饲料,上面用土覆盖10cm左右,放入蚓种。经常注意灌溉或排水,保持土壤含水率在30％左右。进入冬季,在气候条件允许的地区可在行间铺盖越冬绿肥,以增加地表覆盖率和保温,也可在地面覆盖塑料薄膜保温。

(3)菜园养殖法 菜园整畦时每亩*施入7 500～10 000kg优质有机肥或腐熟的烂菜、垃圾等,菜苗出土后即投放种蚓。如菜园原来蚯蚓很多,只要注意蚯蚓的保护,如减少氮肥和某些农药的施用,也可不另加种蚓。通常菜园较适宜养殖的蚯蚓为湖北环毛蚓、威廉环毛蚓、秉氏环毛蚓、通俗环毛蚓及白颈环毛蚓等。冬季可结合温床育苗或塑料大棚栽培进行养殖,以保护蚯蚓越冬。在蚯蚓密度很大的菜园,除了整畦之外,亦可实行免耕。

(4)农田养殖法 在气候温暖、无霜期长、水分充足或灌溉方便的地区,以及水旱轮作地、间作套种集约栽培的农田等也可养殖蚯蚓。利用还田的秸秆和牛粪、马粪作为蚯蚓的饲料,每亩施用5 000～7 500kg。利用套种的作物创造遮阳条件,避免作物收获后田间地面裸露。在干旱或雨天应注意灌水或排水,土壤含水率尽量保持在22％～30％。种蚓可选耐旱力较强的蚯蚓种,如河北环毛蚓、杜拉蚓或当地耐旱良种。

3. 工厂养殖法 此养殖法要求有一定的专用场地和设施,包括饲料处理场,可控制温度的养殖车间、养殖床、蚓茧孵化床,以及蚯蚓加工车间、肥料处理及包装车间、成品化验室和成品仓库等。如条件限制,亦可采用分散养殖集中处理的方法,分散给集体或个人进行养殖,工厂集中进行成品处理或加工。

---

* 非法定计量单位,1亩≈666.67m²。——编者注

二、饲料

1. 蚯蚓饲料的种类

（1）干草类饲料　为蚯蚓的主食。椎木、柞木、橡木等木材类，锯木屑、稻草、旧草席等都是蚯蚓喜欢的良好饵料。

（2）肥料　以占全部饲料的30％～50％为宜，需经充分发酵。最好的肥料是人粪，其他依次是牛粪、马粪、猪粪、兔粪、鸡粪等。

（3）青绿饲料　以占全部饲料的30％为宜，如莲花白、萝卜叶、果皮等。

2. 饲料处理和发酵　饲料发酵后可降低碳素率，改善植物性饲料的物理性状，减少有害成分，杀灭寄生虫虫卵，增进养分吸收等。而未经发酵或发酵不完全的饲料，会引起蚯蚓活动不安、精神不佳，甚至造成蚓体变白或者死亡。

（1）饲料处理　作物秸秆或粗大的有机废物应先切碎。垃圾则应分选过筛，除去金属、玻璃、砖石或炉渣等，再进行粉碎。动物粪便料中以牛粪最佳，干的需将团块破碎，鲜的需用水稀释为粥状；鸡粪含盐量高，需先用少量水洗，去掉盐分，无经验的养殖者，最好不用鸡粪。然后将多种饲料加水拌匀，待发酵。

（2）饲料发酵　饲料发酵前期为低水高温发酵，后期为高水低温发酵。前期水分约50％，即用手紧握饲料，指缝中见水珠而不滴落；后期水分掌握在70％左右，即用手把饲料捏起来，水可以一滴一滴掉下。

将准备好的饲料堆积成等腰梯形，高度以50～100cm为宜。堆积时应松散，切勿压实，外部覆盖草帘或塑料薄膜，以保温保湿。当料温升高到40～75℃时降温并进行第1次翻动。发酵熟化的饲料，色泽为棕色或黑褐色，无臭味，无酸味，质地松散而不黏滞。如畜禽粪便发酵前有恶臭味，发酵后则变成无味；麦麸、米糠、谷类下脚料，发酵前无味或无大味，在发酵过程中产生恶臭味，继续发酵则恶臭味消失。

饲料在发酵过程中会产生有害气体，如氨气、二氧化碳、甲烷等。另外，饲料中还可能含有过量的无机盐、农药等。饲料投料前应先压实，再用清水从料堆顶部冲洗，直到顶部积水且下部有水淌出为止。用水冲洗饲料，虽然会使水溶性营养物质消失，但可排出有害气体，冲淡盐分及其他有害物质。水洗后，稍加控淋即可使用。

3. 试投　上述处理过的饲料，取少量置于养殖床上，经1～2d后如果有大量蚯蚓进入栖息、采食，也无异常现象，说明饲料适宜，可正式大量投喂。

三、管理

1. 繁殖蚓的管理　此期主要是利用性成熟的繁殖优势，获得大批蚓茧。

（1）放养　以5 000～8 000条/m² 为宜。

（2）更新　爱胜蚓属性成熟时，连续交配产茧2～3个月之后，繁殖力逐渐下降。这时要从性成熟的蚓群中，挑选发育健壮、色泽鲜艳、生殖带肿胀的蚯蚓更新旧的繁殖蚓。

（3）日常管理　温度和饲料的好坏直接影响繁殖率。在21～33℃的繁殖旺季中，每隔 5～7d 要清理粪便取茧 1 次，每半个月要更换饲料 1 次。饲料要细碎，无团块，铺料厚度为 15cm。用侧投法更新饲料，经 2～3d，大部分蚯蚓（尤其是成蚓）会移入新饲料中，幼蚓及蚓茧则留在旧饲料中，可将其移入孵化床。在繁殖蚓的饲料配方中应增加碳素和纤维素，如绒棉、造纸废渣及牛粪等，含量为 15%～20%。注意保持饲养床的温度，不积水，处于安静与黑暗状态，并经常防除敌害。

2. 蚓茧的孵化

（1）蚓茧的收集 在繁殖旺季，每隔 5～7d 可从繁殖蚓床刮取蚓粪和蚓茧。若湿度大时，需摊开让水分大量蒸发。同时因蚓茧重量大于蚓粪颗粒，所以多数蚓茧在底层。可用铁丝网（8 目）过筛，使蚓茧、蚓粪分离，把蚓茧置于孵化床中孵化。若蚓茧、蚓粪不能分离，可对收集的蚓茧、蚓粪混合物进行共同孵化。

（2）孵化 把清粪时清出的蚓茧混合物或处理蚓茧时的筛上物，加水调至相对湿度为 60%，置于孵化床内铺平，厚度以 20cm 为宜。蚓茧密度为 4 万～5 万枚/m²，每隔 30cm 挖 1 条 6～10cm 宽的直沟，其内放优质且碎细的饲料，作为前期幼蚓的基料和诱集物。孵化床面用草帘或塑料薄膜覆盖，保温防干。在孵化过程中，用小铲翻动蚓茧、蚓粪混合物 1～2 次，孵化基料不要翻动，稍加一点水，使孵化基料与混合物形成湿度差，利用蚯蚓的喜湿习性，诱集幼蚓与蚓茧分离。也可装入底部和四壁有孔的木箱或筐篓内孵化，上面覆盖湿麻袋或草帘等，以保温保湿。

也可将养殖与孵化在同一养殖床进行。当床内蚯蚓密度达 2 万条/m² 左右时，就取出部分成蚓，其余继续养殖。可把补料、清粪、翻倒饲料、收取成蚓等几个环节结合进行。随粪带出的蚓茧分离后，仍放在原床内孵化，这样可定期收取产品。若同时设置数个这样的床，可轮流回收产品。但此法的缺点是不能充分发挥蚯蚓的繁殖性能。因此，在产卵旺季的春、秋季节，应把床中蚯蚓的密度降低到 2 000～4 000 条/m²，投放足够的新饲料，可促使其大量繁殖。

孵化期与气温有关，如北星 2 号在 14～27℃ 气温下孵化需 36d，在 24～34℃ 气温下孵化需 12～20d。

3. 幼蚓的管理 将孵化基料和诱集的幼蚓投入养殖床内饲养。此时幼蚓体积小，可高密度（40 000～50 000 条/m²）养殖，铺料厚 8～10cm。在幼蚓把大部分孵化基料变为蚓粪之后，应注意清粪，扩大床位（原则上扩大 1 倍），降低饲养密度，补充新饲料。饲料要细碎和湿润，相对湿度保持在 60% 左右。另外，要避光、防震。每隔 5～7d 松动蚓床 1 次，每隔 7～10d 清粪、补料、翻床 1 次。

补料方法用下投法，即将幼蚓及残剩饲料移至床位的一侧，在空位处补上新饲料，再把幼蚓和残料移至表面铺平，铺料厚度在 15cm 左右。如果有数个饲料床平行并排，则在任意一端留 1 个空床，在补料时，可采用补料—平移的方法逐个投喂。饲养 20d 左右，视蚯蚓的数量和生长情况，进一步降低养殖密度，以保持 2.5 万～3 万条/m² 为宜。

4. 成蚓的管理 一般温度在 20℃ 左右，卵孵化后经 50～60d 性成熟即进入成蚓养殖。用勤除薄饲的方法，保证良好的饲料、湿度、通气、黑暗等条件。同时，挑选部分成蚓更新原有繁殖蚓，要适时分批提取利用或进一步降低养殖密度，继续供给蚯蚓需要的饲料。每隔 5～15d 清粪、取茧、倒翻料床和补料 1 次，用上述幼蚓的补料法补料。

5. 蚓粪及蚓体、蚓茧的分离

（1）框漏法　把蚯蚓和粪粒、蚓茧一起装入底部带有 1.2cm×1.2cm 网眼铁丝网的大木框，利用蚯蚓避光的特性，在光照下，使蚯蚓自动钻到下层，然后用刮板逐层把粪粒和蚓茧一起刮出，直至蚯蚓通过网眼，钻入下面的新饲料为止，这时绝大部分蚯蚓和粪粒、蚓茧被分离开来。然后将粪粒和蚓茧移入孵化床孵化，待长至一定程度但尚未达到产卵阶段时，继续采用框漏法，将幼蚓和粪粒进行分离，幼蚓进入新的养殖床，而粪粒经风干、筛选、化验、包装作为有机复合肥料。

（2）饵诱法　当养殖床基本粪化以后，在表面停止添加饲料而在养殖床两端添加新饲料，将成蚓诱入新饲料中。待绝大部分诱出之后，再将含有大量蚓茧的老饲料床全部清出，然后把老床两侧的新饲料和蚯蚓合并在一起。清出的蚓茧和蚓粪，移入放有新饲料的养殖床表面进行孵化，待幼蚓孵出后，进入下层新饲料层采食，再把上层的蚓粪用刮板刮出，进行风干、过筛、包装，作为有机肥料。

（3）刮粪法　利用光照，使蚯蚓钻入下方，然后用刮板将蚓粪一层层地刮下，使蚯蚓集中在养殖床下面。将取出的蚓粪和蚓茧移入孵化床进行孵化，幼蚓孵出后再用此法进行分离。

四、采收

1. 光照下驱法　此法适于在室内养殖床养殖及箱养、池养蚯蚓的采收。利用蚯蚓避光的特性，使蚯蚓在阳光或灯光照射下钻入下层，然后用刮板将蚓粪一层层地刮下，直到最后成蚓集中在养殖床的底面，聚集成堆，取出蚓团。置于孔径 5mm 的大框上，框下放收集容器，光照下蚯蚓会自动钻入框下容器中。

2. 红光夜捕法　此法适于田间养殖蚯蚓的采收。可利用夜间蚯蚓爬行到地表采食和活动的习性，在凌晨 3：00—4：00，携带红灯或弱光的电筒在田间进行采收。

3. 诱捕法　此法可用于室内养殖床，也可用于大田养殖蚯蚓的采收。在采收前，可在旧饲料表面放置一层蚯蚓喜爱的食物，如腐烂的水果等。经 2～3d，蚯蚓便大量聚集在烂水果层中，这时可快速将成群的蚯蚓取出，最后经筛网清理杂质即可。

第五章

蜜蜂的养殖技术

随着社会的发展以及人们生活水平的提高，人们对于优质蜂产品的需求量也在不断增加，蜜蜂养殖也具有很好的市场。目前我国饲养的蜜蜂中，90％是从国外进口的欧洲蜜蜂，包括意大利蜂和东北黑蜂等，还有10％是中华蜜蜂。意大利蜂，简称意蜂，被广泛饲养在华北、东北地区。意蜂蜂王的产卵能力强；工蜂的育虫能力强，不仅在生产上起重要作用，而且是重要的育种素材。东北黑蜂，是欧洲黑蜂的过渡类型，繁殖力强，在寒冷的地区越冬性能好。中华蜜蜂，简称中蜂，适宜在我国东北、西北、华北、华东、西南等地区生活。中蜂飞行时动作敏捷，嗅觉灵敏，勤奋，抗病、耐寒、耐热力强，但产蜜量和分泌王浆的能力略低于欧洲蜜蜂。养殖时可以根据各地区的具体条件，选择合适的品种。

第一节　生物学特性

一、蜜蜂的发育特性

蜜蜂是完全变态的昆虫，三型蜂都经过卵、幼虫、蛹和成蜂（图5-1）4个发育阶段。

1. 卵　为香蕉形，乳白色。卵膜略透明，稍细的一端是腹末，稍粗的一端是头。蜂王产的卵，稍细的一端朝向巢房底部，稍粗的一端朝向巢房口。卵内的胚胎经过3d发育为幼虫。

2. 幼虫　为白色的蠕虫状。起初为C形，随着虫体的长大，虫体伸直，头朝向巢房口。幼虫由工蜂饲喂。受精卵孵化成的雌性幼虫，如果在前3d饲喂幼虫浆（在蜂王浆里加蜂蜜和花粉），它们就发育成工蜂；而如果被不间断地饲喂大量的蜂王浆，就将发育成蜂王。

工蜂幼虫成长到6d末，由工蜂将其巢房口封上蜡盖。封盖巢房内的幼虫吐丝作茧，然后化蛹。封盖的幼虫和蛹统称为封盖子，有大部分封盖子的巢脾叫做封盖子脾（蛹脾）。工蜂蛹的封盖略有突出，整个封盖子脾看起来比较平整。雄蜂蛹的封盖凸起，而且巢房较大，两者容易区别。工蜂幼虫在封盖2d后化蛹。

3. 蛹　蛹期主要是把内部器官加以改造和分化，形成成蜂的各种器官。逐渐呈现出头、胸、腹3个部分，附肢也显露出来，颜色由乳白色逐步变深。发育成熟的蛹，脱下蛹壳，咬破巢房封盖，羽化为成蜂。

4. 成蜂 刚出房的蜜蜂外骨骼较软，体表的绒毛十分柔嫩，体色较浅。不久骨骼即硬化，四翅伸直，体内各种器官逐渐发育成熟。

图 5-1 成蜂

(图片由重庆市开州区王氏土蜂养殖场提供)

二、三型蜂的发育期

蜂群中的蜂王、工蜂和雄蜂这 3 种不同类型的蜜蜂称为三型蜂。蜂群一般是由一个蜂王（职能是产卵）、多个雄蜂（职能是和蜂王交配），以及许多个工蜂（职能是负责采蜜、采粉以及处理蜂群中所有的事情，如守门、清洁蜂群、护育幼蜂等）组成。

蜜蜂在胚胎发育期要求一定的生活条件，如适合的巢房、适宜的温度（32～35℃）、适宜的湿度（75%～90%），以及得到经常的饲喂、有充足的饲料等。在正常情况下，同品种的蜜蜂由卵到成蜂的发育期大体是一致的。如果巢温过高（超过 36.5℃），发育期将会缩短，甚至发育不良，翅卷曲，或中途死亡；巢温过低（32℃以下），发育期会推迟，或受冻伤。中蜂工蜂的发育期约 20d，意蜂工蜂的发育期为 21d。掌握发育日期，了解蜂群里的未封盖子脾（卵虫脾）和封盖子脾的比例（卵、虫、蛹的比例为 1∶2∶4），就可以知道蜂群的发育是否正常。掌握蜂王和雄蜂的发育日期，就可以安排好人工培育蜂王的工作日程。

三、蜜蜂的信息交换特性

蜜蜂是社会性比较发达的昆虫，其个体间的信息交流方式发展得比较完善，信息交流主要以"舞蹈"语言和信息素两种方式进行。

1. 蜜蜂"舞蹈"语言 蜜蜂"舞蹈"语言称为蜂舞，是工蜂以一定的方式摆动身体来表达某种信息的行为。最典型的蜂舞为圆舞、摆尾舞以及二者间过渡的新月舞，此外，还有"呼呼"舞、报警舞、清洁舞、按摩舞等。

2. 蜜蜂信息素 信息素对蜂群主要有两方面的作用：一是通过内分泌系统控制其生理反应，如工蜂的卵巢发育和王浆的分泌等；二是通过刺激神经中枢直接引起蜜蜂的行为，如改造王台、攻击行为等。

四、蜜蜂的生活环境特性

外界环境对蜜蜂生活有很大的影响，主要有温度、湿度、光照等。

1. 温度 蜜蜂属于变温动物，身上既没有羽毛也没有皮毛，不具备保温的能力。蜜蜂在静止状态时，具有和周围环境极相近的温度。工蜂最适宜的活动温度为15～25℃，蜂王和雄峰最适宜的活动温度为20℃以上。在山区养蜂，昼夜温差大，对于养殖蜜蜂很不利，故应该对蜂箱做一些处理，如增加蜂箱板材的厚度，以便提高保温隔热效果；箱盖加反光膜，降低白天进入箱体的热量。

2. 湿度 蜂巢内子脾之间的相对湿度，一般保持在75%～90%。当外界有丰富蜜源时，随着采蜜量的增多，蜜蜂通过扇动蜂巢内的空气，促进空气流通，便于花蜜中的水分蒸发，将巢内的湿度降到40%～65%。

3. 光照 日照能刺激蜜蜂出动，采集季节为一年的长日照季节。蜂箱宜放在阴凉处，巢门朝南；夜晚蜜蜂也有趋光现象，故夜晚应处在黑暗环境。

此外，空气不流通、闷热、阵雨或暴晒等也对蜜蜂有很大的影响。

第二节　繁殖技术

一、蜜蜂的育种技术

蜜蜂育种就是利用现代遗传育种的原理和方法，有计划有步骤地改良现有蜜蜂品种和培育新的蜜蜂品种，以满足养蜂生产的需要。到目前为止，蜜蜂育种上有成效的育种方法主要有纯种选育和杂交优势利用两种。国内外养蜂生产中，越来越普遍地利用杂交优势，使用杂交蜂种。

二、蜜蜂的春季繁殖技术

繁殖是根据气候变化和蜜源变化来进行的。在过去，采用土法饲养并没有这么多的要求，可以说春繁也是在活框养殖技术引进以后才真正开始的，繁殖方法是根据春季的蜜源特点、气候特点、蜂群特点来进行管理的。

由于春繁开始时天气寒冷，所以首先需要紧缩巢脾，把中小弱群合并为强群，以强群来进行繁殖。紧缩蜂巢，做到蜂多于脾，如2.5～3框蜂留2张脾，3.5～4框蜂留3张脾，5框蜂留4张脾，蜂路不超过1cm。这样处理后的蜂群，在新蜂出房前，即使因越冬蜂衰老死亡一部分，但也能保证蜂略多于脾或蜂脾相称。早春只有在蜂多于脾的基础上开始繁殖，卵虫和蛹才能发育正常，保证工蜂体质健壮，蜂群才能迅速发展。一般蜂王在紧脾后1～3d就开始产卵。

同时，还应该注意做好保温工作。根据当地春季的实际情况，如果外界流蜜植物多，则可以进行简单的奖励喂养，以后让蜂群自由繁殖。如果当地需要提前繁殖，则应该注意进行辅助喂养。喂养时由于蜂群中有大量幼虫产生，故还需要进行花粉喂养，以培育优质的适龄采集蜂。

三、蜜蜂的秋季繁殖技术

秋繁的道理其实和春繁差不多，只是秋繁时天气情况和蜜源情况不同，起繁时间蜂群内的情况也不一样。

对于秋季的管理来说，首先应该注意解决病敌害的问题，这里主要解决的是巢虫问题。因为巢虫是在蜂箱内部，故可以通过更换旧脾的方式来解决巢虫问题，同时对中小弱群进行合并，养殖强群，进行奖励饲喂。其次，要根据当地蜜源植物的流蜜情况观察是否需要喂养花粉。如果蜜源植物不多，则需要在喂养糖浆的同时喂养花粉。虽然中蜂善于利用零星蜜源，但是如果采用提前培育蜜蜂的方式，则对于蜂部落都建议在繁殖早期进行花粉喂养，以避免幼虫营养不足。

第三节　饲养管理技术

一、养蜂的基本条件

1. 蜂场环境　在确定放蜂地点之前，一定要调查清楚蜜源植物的种类、面积、花期等情况。能采集到大量商品蜜的主要蜜源植物有：油料作物中的油菜，牧草绿肥中的草木樨、苜蓿，果树中的枣树，林木中的槐树，灌木中的荆条等。通常，一群蜜蜂需要2～4亩蜜源植物。另外，还要了解清楚各种蜜源植物的开花期，以及历年放蜂产蜜的情况。放蜂时应选在距离主要蜜源植物2km内的地点。

蜂场应选在地势平坦、干燥、向阳、东南方开阔、没有障碍物的地方。蜂场附近要有清洁的水源，如湖泊、小溪、水渠等，以保证蜜蜂采水和养蜂人员生活用水。附近有喇叭、路灯、诱虫灯的地方不适于放蜂。

2. 养蜂机具　养蜂机具的种类很多，根据用途可分为蜂箱、巢础与巢础机、饲养管理工具和蜂产品生产机具等。蜂箱、隔王板、饲喂器、脱粉器、集胶器、王台等应该选用无味无毒的材料。分蜜机选用不锈钢或全塑料、无污染的。割蜜刀选用不锈钢材质的。

（1）蜂箱　蜂箱是蜜蜂繁衍生息的家园，蜂王产卵、蜜蜂酿蜜、幼虫养育等都离不开蜂箱（图5-2）。

（2）养蜂帽　也称作面罩、面网等，是养蜂人日常检查和管理蜂群用的，用来保护养

图 5-2　蜂箱

（图片由重庆市开州区王氏土蜂养殖场提供）

蜂人的头部和颈部，避免被蜜蜂蜇伤（图 5-3）。

（3）摇蜜机　是收获蜂蜜的重要工具，原理是通过离心力的作用，把巢脾中的蜂蜜分离到摇蜜机的桶中（图 5-4）。

图 5-3　养蜂帽　　　　　　　　　　　图 5-4　摇蜜机

（图片由重庆市开州区王氏土蜂养殖场提供）　　　（图片由重庆市开州区王氏土蜂养殖场提供）

（4）刮蜜刀　是一块长为 20cm 左右的板状金属，一般由优质钢锻造，是取蜜的专用工具之一，一边平刃，另一边弯刃，方便取蜜（图 5-5）。

（5）隔王板　是用来限制蜂王的专属工具，原理是利用工蜂与蜂王胸部厚度不同，将隔王板上的格栅宽度设计成介于蜂王与工蜂之间，便于工蜂自由通过，但蜂王却不能自由通过（图 5-6）。

（6）覆布　蜂箱覆盖上一层保暖的帆布，主要用于遮光，也可以保暖，因蜜蜂习惯了在黑暗的蜂巢环境里生活（图 5-7）。

（7）囚王笼　用于临时隔离蜂王，便于蜂群与蜂王熟悉、关王、冬季跃动囚王等使用的工具（图 5-8）。

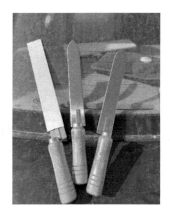

图5-5　刮蜜刀

（图片由重庆市开州区王氏土蜂养殖场提供）

图5-6　隔王板

（图片由重庆市开州区王氏土蜂养殖场提供）

图5-7　覆布

（图片由重庆市开州区王氏土蜂养殖场提供）

图5-8　囚王笼

（图片由重庆市开州区王氏土蜂养殖场提供）

（8）蜂扫　也叫蜂帚，用于清扫巢脾或蜂箱中的蜜蜂。购买时一定要选择刷毛柔软合适的蜂扫，要求不软不硬，以免弄伤蜜蜂，一般选择用马鬃或马尾制作的（图5-9）。

（9）巢框　是一种木质的框架，安装在蜂箱内，可固定巢础，便于蜜蜂制作成巢脾，要求规格统一，便于在蜂箱之间来回互换（图5-10）。

图5-9　蜂扫

（图片由重庆市开州区王氏土蜂养殖场提供）

图5-10　巢框

（图片由重庆市开州区王氏土蜂养殖场提供）

（10）巢础　是人工制造的蜜蜂巢房的基石，有工蜂巢础和雄蜂巢础，做蜂脾的关键，供蜜蜂修筑巢脾，在巢框上装好巢础，蜜蜂造巢脾会更快更整齐。目前市面上一般使用的蜡质巢础，由巢础机压合而成（图5-11）。

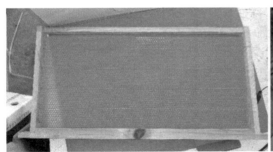

图5-11　巢础

（图片由重庆市开州区王氏土蜂养殖场提供）

（11）饲喂器　用于装盛食物或水的容器，形式多样，要求饲喂方便，方便蜜蜂吸吮，有一定的容积量（图5-12）。

（12）移虫针　用于移动人工培育蜂王或生产蜂王浆的必须工具（图5-13）。

（13）喷烟壶　喷烟壶用于熏走蜜蜂，方便开箱或取蜜等使用。因为蜜蜂怕烟雾，故取蜜时为防止蜜蜂蜇人会使用喷烟壶（图5-14）。

（14）埋线器　埋线器顾名思义就是将框线嵌入蜡质巢础的工具，一般在巢框上穿上金属框线，埋入巢础中，以增强巢脾的强度，常见的有电热式（图5-15）、齿轮式、烙铁式等。

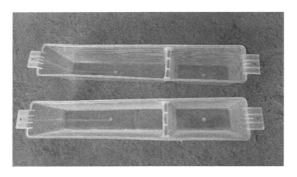
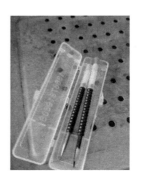

图 5-12 饲喂器 　　　　　　　　　图 5-13 移虫针

（图片由重庆市开州区王氏土蜂养殖场提供）　　（图片由重庆市开州区王氏土蜂养殖场提供）

图 5-14 喷烟壶

（图片由重庆市开州区王氏土蜂养殖场提供）

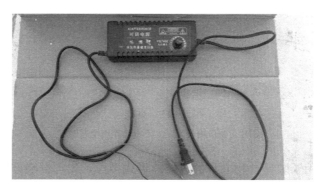

图 5-15 电热式埋线器

（图片由重庆市开州区王氏土蜂养殖场提供）

　　养蜂工具种类繁多，除以上介绍的外，还有人工王台、育王棒、铁丝、筛网、钉子、锤子、蜂蜜桶等。

　　3. 蜂群选购　选购蜂群时必须考虑当地的蜜源、气候等条件。我国西北、华北、东北的平原地区，夏季干燥，有流蜜期较长的大蜜源，可以选择意大利蜂。此外，东北的山区，冬季长而寒冷，春季短，主要蜜源花期早，可以选择耐寒能力强的东北黑蜂。如果当地位于山区，没有集中的大蜜源，可以选择中蜂。

选购蜂群的时间最好在早春，在气温日益回升并趋于稳定且蜜源植物开始开花时购买，有利于蜂群繁殖。也可以在夏、秋季节购买。购买蜂群还应注重品质，蜂王的年龄不要超过 2 年，如果在夏、秋季购买，最好选择当年的新王。质量好的蜂王，腹部大，尾部略尖，四翅六足健全，行动稳重。品质好的工蜂个头大，颜色鲜亮。开箱提脾时，不到处乱爬，性情温顺。整个蜂群要求健康无病，蜂群中蜜蜂的数量，早春时不宜少于 2 框，夏、秋季应在 5 框以上，并有一定的子脾。

蜂群运回后，如果箱内吵闹，可把箱盖架空，放置在副盖上通气，并对巢门喷水。如果场地宽敞，蜂箱可以单箱排列。要求前排与后排错开，各排之间相距 2～3m，蜂箱之间相距 1～2m，便于蜜蜂认巢和人员管理。如果场地小，也可双箱并列。两箱一组，相距 20cm。排列蜂箱时，巢门方向一般朝南，也可朝东。巢门不能朝西，以免下午的阳光直射巢门，使巢温过高。

二、蜜蜂的日常管理

1. 基础管理技术

（1）蜂群检查　方法分为开箱检查和箱外观察。

第一，检查是否存在蜂王。从蜂群中央提出巢脾时，如果既看不到蜂王也看不到卵，蜜蜂四处乱爬，并发出叫声，这就是蜂群丧失蜂王的表现。如果巢房中有多粒卵，而且多产于房壁上，很凌乱，表明失王很久，工蜂已经开始产卵。检查时要经过两到三次，只有确认没有蜂王时才能放入新王。

第二，检查蜂王的产卵情况。揭开箱盖，蜜蜂工作有条不紊，巢脾上可以看到卵，表明蜂王在产卵。一个单王的蜂群中，卵、幼虫、封盖子脾的比例应为 1∶2∶4。也就是 1 个卵脾，2 个虫脾，4 个封盖子脾。如果子脾上产卵面积大则表明蜂王产卵旺盛，群势正常。如果蜂王胸腹部小，颜色变深，跛行，缺翅，表明这是劣质蜂王。如果脾上没有卵，而有自然王台，蜜蜂怠工，预示将要分蜂。如果子脾面积小，蜂群比其他蜂群发展慢，表明蜂王产卵力差，或产卵处于低潮。

第三，检查蜜蜂和巢脾的关系。揭开副盖时，如果副盖上、隔板外、边脾上挤满了蜜蜂，就表明蜜蜂多于巢脾，需要加脾。如果巢脾上蜜蜂稀少，隔板上没有蜜蜂，说明巢脾多于蜜蜂。如果隔板上蜜蜂多，而巢脾上蜜蜂少，则说明巢内温度高、湿度低，蜜蜂离脾。

第四，检查箱内的贮蜜情况（图 5-16）。揭开巢盖时，能够闻到蜜的香味，可以看到各巢脾上部有加高的白色的蜂蜡房盖。提起边脾，感到沉重，表明箱内蜜足。如果开箱后，蜜蜂表现出不安或惊慌，提脾感到轻，并且有蜜蜂掉落，说明箱内缺蜜。无病情，但子脾上蜜蜂不整齐，表明曾经缺蜜。如果子脾有抛弃蜜蜂的现象，表明缺蜜严重。

图 5-16　开箱检查

（图片由重庆市开州区王氏土蜂养殖场提供）

在日常管理中开箱检查是必要的，但次数不能过多。根据箱外观察，也可以判断蜂群的情况。例如，在外界有蜜源、粉源的情况下，工蜂勤采花粉，说明箱内有卵和幼虫，蜂王产卵旺盛。如果采花粉的工蜂稀少，可能蜂王产卵少，或者失王。在大的流蜜期，天气晴好时，巢门有大批蜜蜂出入的蜂群，说明这群蜜蜂是强群，出入稀少的蜂群则是弱群。每天下午 3：00 左右，很多蜜蜂在巢门前有秩序地上下飞翔，飞翔高度不超过 1m，则是幼蜂试飞。傍晚时巢门前堆集大批蜜蜂，则是强群巢内贮蜜已满的表现。

天气晴好，工蜂出巢采水，巢门前出现结晶的蜜粒，这种现象表明蜜蜂口渴，或幼虫需要水。蜂巢中，适合蜜蜂繁殖的温度是 34～35℃。炎热的夏季，温度过高，蜜蜂会通过在巢门口扇风来降低温度。如果多数工蜂振翅扇风，说明巢内过热，应及时增加巢脾或继箱。

（2）蜂群饲喂　人工饲喂应根据蜂群的需要而定，一般分补助饲喂和奖励饲喂。饲料主要是蜂蜜（或糖浆）、花粉（或代用花粉）及水分、盐分等。

①补助饲喂：目的是挽救缺蜜的蜂群。根据缺蜜期的长短、地区气候、群势强弱、缺蜜的程度，及时补给优质饲料。补助饲喂的方法：蜂蜜和温水按 4：1 的比例稀释，然后进行饲喂；结晶蜜用火加热熔化后饲喂。饲喂时用饲喂器和灌脾的方法。如果用白糖饲喂，糖水按 2：1 加热溶化，冷却后饲喂。饲喂要求 1～2 次或 2～3 次并喂足，喂的次数不能过多，否则会变成奖励饲喂。饲喂要在晚上进行，同时不要把糖汁洒在地上和蜂箱周围，以免引起盗蜂。

②奖励饲喂：目的是刺激蜂王产卵，提高工蜂的工作积极性。因此，奖励饲喂一般在大流蜜前 30～50d 进行，如在早春 2 月底至 3 月上旬进行。奖励饲喂应根据箱内蜜蜂的具体情况而定，每天晚上一次或隔天晚上一次，糖与水的比例为 1：1，在饲喂的同时可以加少量的抗菌药物预防疾病。喂粉：采集的天然花粉或酵母糖浆，在蜂群缺粉时饲喂。喂水：水起调节巢内温度、湿度的作用，蜜蜂在发育过程中，也需要水。喂水的方法可用灌脾和饲喂器。早春喂水时，可加入极少量 1％的盐水。

（3）巢脾修造与保存　巢脾是蜜蜂栖息、育虫、贮蜜粉的场所（图 5－17）。在蜜蜂养殖业中人们把它叫巢脾，巢脾不足会影响蜂群发展，造成蜂蜜减产。只有保证足够的巢脾，才能促进蜂群发展，提高蜂蜜和蜂蜡产量。造好的巢脾要保管好，否则很易被巢虫咬毁或招引盗蜂。

图 5－17　巢脾
（图片由重庆市开州区王氏土蜂养殖场提供）

①巢脾修造：主要工序是制作巢框、巢框钻孔、穿线、装巢础、埋线、灌脾加固和造脾。

A. 制作巢框。制作巢框就是用一定尺寸的木条，钉成巢框。要求巢框必须结实周正，上梁和侧梁都要在同一个平面上。如直接购买，也要注意上述要求。

B. 巢框钻孔。在每个侧梁正中线，钻上等距离的 3～4 个小孔，要两侧梁同一位置的孔在一条线上。

C. 穿线。用 24 号或 26 号铅丝顺侧梁上的小孔来回穿 3～4 道，先用小铁钉把铅丝一端固定，然后将铅丝拉紧固定，以用手指拨动铅丝会发出清脆的声响为宜。

D. 装巢础。把巢础从巢框的中间插入，使巢础的上部和下部各有两道铅丝，将巢础的上边插入上框梁的沟槽内。

E. 埋线。将装上巢础的巢框平放在巢础埋线板上，将埋线器烧热，把埋线器齿轮上的小缺口卡在框内铅丝上，向身边拉回，发热的埋线器将蜡熔化，铅丝也就固定在了巢础上，固定完一面后再固定另一面。埋线时要注意，埋线器不宜过热，推移用力要适当，起点应在巢房中央，这样齿轮转动后的每一接触点，就会在巢房的中央位置。

F. 灌蜡加固。巢础装好、埋完线后，用熔蜡壶给巢础与上梁巢础沟相接处缝隙中灌上一些熔化的蜂蜡，蜡液凝固后就会把巢础牢固地粘在槽内。

G. 造脾。巢础安装固定完成后，在两面喷一些新鲜的蜜水，就可以放入蜂箱中，让蜜蜂泌蜡筑造了。一般在分蜂季节，把装好巢础的巢框放入新分出蜂群内造脾。只要平均温度在 15℃左右，蜜源条件好的其他季节也能造脾。

②巢脾保存：

A. 恒温保存。巢脾从蜂箱中取出来后要将蜂蜜摇尽，然后放入蜂箱隔板外侧让蜜蜂将蜂蜜舔食干净，用起刮刀将巢框上的蜂胶、蜡瘤、污迹和霉点等刮干净，最后即可将处理干净的巢脾放在20～30℃的恒温环境中保存。

B. 熏蒸保存。巢脾在保存过程中易遭受鼠害和虫害，此时可将巢脾用点燃的硫黄粉熏蒸后保存。具体做法是将巢脾集中在空蜂箱中，然后盖上蜂箱的盖子，在箱底点燃硫黄粉熏1～2h，即可杀死藏匿在巢脾中的虫卵。

C. 继箱保存。继箱保存法是保存巢脾最有效的办法，原因是继箱中经常有工蜂清理和驱赶虫害，加之继箱中不管是温度还是湿度都和巢箱几乎完全一样，因此保存在继箱中的巢脾根本不用担心霉变、生虫等问题。

（4）蜂群合并、人工分群与蜂王诱入

①蜂群合并：为了充分合理利用和保存力量，无生产价值的小群一般都要合并，在养蜂中合与分是常见现象。蜂群失王后，无预备王，也必须及时合并。

A. 直接合并。直接合并应在流蜜期进行，因在大流蜜期蜜蜂采集兴奋，警惕性松懈，群内同一花蜜气味基本一致，给直接合并提供了有利条件。无王群合并有王群，要求两群相邻，直接将蜜蜂抖到一个箱内，喷蜜酒即成。在傍晚把需要合并的蜂脾提到合并群去，进行直接合并各喷一点蜜酒，混合它们的群味，以免互相斗杀。

B. 间接合并。把铁纱隔板放到待合并的蜂群与合并的蜂群中，24h后去掉铁纱、隔板即可。或者利用板纸穿几个或十几个小孔，将所要合并的蜂群合并隔起来，24h后待群味充分混合，即可去掉板纸将二群合拢。合并蜂群应注意不能同时有两只蜂王或王台出现。

合并蜂群应注意事项：应将弱群并入强群。如果一群是有王群，另一群是无王群，则应将无王群并入有王群。如果两群都有王，必须在合并前的一两天杀掉一只低劣的蜂王，然后进行合并。合并应在晚上进行，因为此时蜜蜂已经全部归巢，而且不会有盗蜂侵扰。将两群或几群合并起来后，由于蜂箱位置有变动，而有的蜜蜂仍飞回原址。为避免这种现象发生，应以相邻的蜂群合并在一起为好，如需将两个相距较远蜂群进行合并，在合并前应逐渐移近箱距，然后进行合并。对于失王已久，巢内老蜂多、子脾少的群，要先补给2框未封盖子脾，然后进行合并。为了保护蜂王的安全，合并时应将蜂王暂时关入王笼内保护起来，待合并成功后再放出蜂王。合并老王群，须于合并前半天将该群仔细检查一遍，若发现自然王台，则应予以毁除。

②人工分群：

A. 单群平分。把一群蜂均匀地分为2群（或4群、6群、8群）。

B. 混合分群。从若干强群中，抽取一些成熟的子脾和蜜粉脾，搭配放在同一蜂箱内。

③蜂王诱入：给无王群诱入蜂王当天，最好不要进行开箱检查，提前0.5～1d将拟淘汰的蜂王提出。若给无王群诱入蜂王时，要将巢脾上出现的自然王台或改造王台全部毁除。给强群诱入蜂王时，宜将蜂群先迁出原址，使部分老蜂从原巢分离出去。给失王时间

过久已出现产卵工蜂的蜂群诱入蜂王时，应从巢内抽出原有巢脾，补以正常的虫卵脾，在断蜜期诱入蜂王，应提前2～3d连续用蜂蜜或糖浆对蜂群进行饲喂。

A. 间接诱入法。将蜂王暂时关闭进一个诱王专用的容器内，或隔着铁纱盖置于继箱里一段时间后再将它放到蜂群中。

B. 直接诱入法。在流蜜期或早春，于傍晚将要诱入的蜂王喷以少许蜜水，轻轻地将其放到框顶上或巢门口，让蜂王和采集蜂一起爬入；或者从交尾群里提出一框带有蜂王的巢脾，连同部分幼蜂一起放入被诱入群的隔板外侧约一框距离处，喷上稀薄的蜂蜜水，1～2d后再调整到隔板里面；也可用喷烟器往接受群中轻轻喷烟。

C. 被围蜂王的解救。快速向围王的工蜂团喷烟或喷蜂蜜水或将蜂团投入温水中，以驱散工蜂。

（5）盗蜂预防　盗蜂是指到其他蜂巢中盗取蜂蜜的工蜂，一般都发生在外界蜜源匮乏或不易采集的季节。事实上盗蜂也是蜜蜂种内竞争最重要的形式。例如，蜂群密度超过蜜源承载力时蜜蜂便会通过作盗形式实现食物再分配，最终可保留群势强大的蜂群并淘汰弱群或患病的蜂群。盗蜂在养蜂生产上有着极为显著的危害：其一是盗蜂和被盗群工蜂会在巢门口厮杀起来；其二是盗蜂侵入蜂巢后蜂王易被围死或咬死；其三是被盗群的储蜜被盗蜂洗劫一空后群势往往会出现不同程度的下降；其四是被盗群尤其是中蜂被盗空储蜜后极易弃巢迁飞。养蜂人可从以下五个方面来预防盗蜂。

①饲养强群：盗蜂的目标基本上都是弱群或病群，而强群凭借蜂群自身的力量就能抵抗盗蜂。因此，养蜂生产中要尽可能地饲养强群，如蜜源匮乏时可将多个弱群合并成一个强群。

②补助饲喂：盗蜂往往都发生在蜜源匮乏的季节，因此，蜜源匮乏时要及时补助饲喂，以避免蜂群因食物不足而到其他蜂群中作盗。

③加强管理：很多时候出现盗蜂都是因管理不善导致的，如饲喂时将饲料撒落在蜂场上易引起盗蜂，频繁开箱检查或提脾检查时间过长也易引发盗蜂。另外，在蜂场上摇蜜也易引起盗蜂。

④选育蜂种：盗蜂发生与蜂种盗性有直接的关系，简单来说蜂种的盗性越强发生盗蜂的可能性也越高，反之盗蜂的发生率就越低。因此，要积极选育盗性弱的蜂种并淘汰盗性强的蜂种。

⑤减小密度：盗蜂发生与蜂群密度有一定的关系，原因是密度越大则可分配的蜜源相对就越少，最终往往因蜜源相对不足而起盗。因此，养蜂人要将蜂群密度控制在蜜源承载力以内。

2. 四季管理技术　不同的季节，有不同的气候，养蜂人需要根据不同的季节、不同的气候来管理蜂群。为了能养好蜂，多收割天然蜂蜜，养蜂人要学习蜂群一年四季的管理技术，然后结合当地的气候变化，做适当的调整。

（1）春季管理技术　春季气候多变，气温不稳定，蜂群刚刚经历寒冬，普遍处于弱势，工蜂大多是老蜂。此时，养蜂人需要做的事情是"春繁"。只有加快蜂群繁殖速度，培养出一批新的、健康的工蜂来取代老蜂，才能为接下来的蜂蜜采收打好基础。但是开始繁殖以后更要加强保温，千万不能过早去除保温措施。春繁过后就要给蜂群更换一只优质的新蜂王了。春天换王是最佳的选择，一只优良的新蜂王可以让接下来的蜂群发展得更加强劲，也是蜂蜜高产的保证。更换新蜂王同时也是预防分蜂的好方法。

（2）夏季管理技术　还没有真正进入炎热的夏季时，可以进行蜂蜜采收和分蜂。但夏季是出现巢虫问题最严重的时候，养蜂人应该提前做好预防措施。可以采用蜂多于脾和打扫清理蜂箱的方式来预防巢虫问题。真正的度夏时间是三伏天，这一段时间一定要加强管理，做好防晒、降温、防虫害、防烂子病的措施。

（3）秋季管理技术　对于南方地区来说，秋季是丰收的季节，也是分蜂季节，同时还可以是育王季节。但是在北方秋季的后半段，就要为越冬做准备。秋季养蜂还有一个任务叫"秋繁"，做好秋繁工作，对下半年的养蜂也起到很关键的作用。

（4）冬季管理技术　冬季蜂群管理技术南北方差异很大，但不管是南方还是北方，冬季给蜂群做好保温措施都是必需的。而在蜂群的管理上更侧重于什么时候越冬，蜂群会不会出现盗蜂，会不会出现缺蜜等问题上。

3. 病虫害防治　蜜蜂常见病虫害有大小蜂螨病、爬蜂病、白垩病、美洲幼虫腐臭病、欧洲幼虫腐臭病、中蜂囊状幼虫病及茶花与油茶花中毒。

（1）大小蜂螨病

①规律及症状：在夏、秋季，大蜂螨寄生率高，小蜂螨危害也开始严重。巢门前，有残翅不全的幼蜂爬出，经肉眼辨认有的蜂体上附有蜂螨。在割除雄蜂脾时，能发现大幼虫和蛹体上附有大蜂螨，有时蜂体上附有小蜂螨。将新出房子脾抖蜂后，能发现小蜂螨在子脾上乱爬。

②防治：经常割除雄蜂蛹，清除雄蜂房内蜂螨。6月上旬，主要蜜源期结束，继箱群可挂氟胺氰菊酯（螨扑）治螨。在小蜂螨寄生率上升时，用升华硫均匀刷在封盖子脾上，每5d进行1次，连续2～3次。7月，在椴树、荆条大流蜜前期可关蜂王或采用处女王交尾，造成断子，让蜂螨暴露在蜂体或巢脾上，再挂氟氨氰菊酯条治螨。大流蜜期不用药，目的是预防蜂药污染蜂蜜。

（2）爬蜂病

①规律及症状：南方一般在4—5月油菜花期，北方5—6月洋槐花后期、荆条花期易发生此病。西方蜜蜂爬蜂病，主要是由螺原体、孢子虫等病原综合引起的青壮年蜂病。病蜂爬出箱外，行动迟缓，不能飞翔，聚集在低洼地或草丛中。有的死蜂双翅展开，吻伸出，但不同于农药中毒。

②防治：药物防治可用柠檬酸。继箱群每晚喂500mL药物糖浆，内含2g柠檬酸。每天1次，连续喂3次，停3d，再喂3次。

（3）白垩病

①规律及症状：一般发生在春季及初夏、外界气温19～30℃、空气潮湿时，由蜂球

囊菌寄生引起的蜜蜂大幼虫死亡的真菌性传染病，在巢门口可发现灰白色或黑色片状硬质幼虫体。患病巢房封盖不齐，有凹陷、穿孔。死亡的幼虫呈干枯状，白色或灰黑色，无臭味，无黏性，易被清除。

②防治：此病发生后不易治愈。蜜蜂在春繁时，不给其饲喂来历不明的蜂花粉。箱内换入茶花粉脾或喂茶花粉可减少白垩病的发生。发病轻时，可用药物治疗，如用丙酸钙加入糖浆喂蜂，继箱每群喂 500g 糖浆（含 5mg 丙酸钙）。严重时应该换脾，必须蜂多于脾，再喂糖浆。

（4）美洲幼虫腐臭病

①规律及症状：夏季弱群易发病，在大流蜜期病情减轻，甚至可自愈。由幼虫芽孢杆菌引起的蜜蜂幼虫病，4～5 日龄幼虫易发病，封盖后死亡。发病的封盖房油亮发光，下陷，有穿孔。腐尸紧贴房壁，挑起有拉丝，褐色，有鱼腥味。

②防治：发病初期，将病脾抽出淘汰，严重的换箱换脾后再用药物防治。用盐酸土霉素可溶性粉，每箱（10 框）每晚喂 500g 糖浆（含 200mg 纯土霉素），每隔 4d 进行 1 次，连喂 3 次，停 3d，再喂 3 次。采蜜前 6 周停止喂药。

（5）欧洲幼虫腐臭病

①规律及症状：一般春季脾多于蜂的弱群易发生。由蜂房球菌引起的蜜蜂幼虫病，3 日龄小幼虫易感染，4～5 日龄死亡，虫体变为淡黄色、黄色直至黑褐色，易清除，有难闻的酸臭味。

②防治：西方蜜蜂患此病时不严重，在蜜蜂密集且注意保温条件下蜂群能自愈。用土霉素治疗，方法与治疗美洲幼虫腐臭病的相同。

（6）中蜂囊状幼虫病

①规律及症状：南方 2—4 月、11—12 月，北方 5—6 月是发病高峰期。本病由病毒引起，每天上午可见工蜂从巢内拖出病虫尸体，散落在巢门前。子脾有插花子，房盖有穿孔，房内有尖头死幼虫，褐色无臭，易从巢房拖出。

②防治：去除病群蜂王，换上健康群成熟王台，新王交尾产子后，蜂群康复速度快。在断子间淘汰病脾，让工蜂密集，多造新脾。用中草药华千斤藤（海南金不换）干块根 15～20g 或半枝莲的干草 50g，煎汤，可治疗 20～30 框蜂。

（7）茶花与油茶花中毒

①规律及症状：发生在 10—11 月茶花、油茶花开花期。茶花、油茶花流蜜不佳时，对蜂群的危害轻；流蜜好时，对蜂群的危害严重。蜜蜂在采茶花、油茶花后，引起大批幼虫死亡，死亡幼虫会散发酸臭味。

②防治：在茶花、油茶花流蜜期不间断喂饲糖浆（蔗糖与水比 2∶3），上午 1 次，晚上 1 次，阴雨天不断，结合分区管理效果会更好。

4. 蜂产品介绍

（1）蜂蜜　蜜蜂从植物的花中采取含水量约为 80% 的花蜜或分泌物，存入自己的胃中，在体内转化酶的作用下经过 30min 的发酵，回到蜂巢中吐出，蜂巢内温度经常保持在 35℃左右，经过一段时间，水分蒸发，成为水分含量少于 20％的蜂蜜，贮存到巢洞中，用蜂蜡密封。常见散装蜂蜜、瓶装蜂蜜、小包装蜂蜜、固体蜂蜜、蜂蜜系列饮料、蜂蜜酒、蜂蜜啤酒等。

真假蜂蜜辨别：蜂蜜造假方式主要有 3 种，即给蜜蜂喂白糖酿出的蜜；直接用人造糖浆代替；在天然蜂蜜中加入人造糖浆掺假。目前，鉴别蜂蜜的实验室检测是按照最新国家标准《蜂蜜》（GH/T 18796—2012）执行，本标准规定了蜂蜜的定义及其被从巢脾中分离出来后的品质、包装、标志、运输、贮存要求。本标准适用于除了巢脾蜂蜜（巢蜜）以外的其他以蜂蜜作为产品名称或产品名称主词的产品，但检测费用较高，消费者一般难以承受。

在生活中，鉴别真假蜂蜜的小窍门有以下六点：

一看光泽和黏度。好的蜂蜜色泽清透，光亮如油，晃动蜜瓶时颤动很小，停止晃动后挂在瓶壁上的蜜液会缓缓流下。

二闻气味。真蜜甜香，不同的花蜜水可闻到特有的花香味。

三倒蜜瓶。优质蜂蜜含水量低，质感黏稠。如果将密封好的蜜瓶倒置，会发现封在瓶口处的空气很难上浮起泡。

四拉"蜜丝"。用小汤匙或牙签搅起一些蜂蜜向外拉伸，真蜜通常可以拉出细而透亮的"蜜丝"，而且丝断后会自动回缩并呈现球状。

五磨颗粒。购买乳白色或淡黄色的天然"结晶蜜"，可以将结晶挑出，放在指尖研磨。真蜜的结晶颗粒细腻，会完全融化；而假蜜的结晶颗粒坚硬，结成一团，指尖研磨后会留下不易融化的颗粒。

六尝味道。真蜜入口甜腻，有的真蜜可能后味微酸。

（2）蜂花粉　花粉是有花植物雄蕊中的雄性生殖细胞，它不仅携带着生命的遗传信息，而且包含着孕育新生命所必需的全部营养物质，是植物传宗接代的根本、热能的源泉。蜂花粉是由蜜蜂从植物花中采集的花粉经蜜蜂加工成的花粉团，被誉为"全能的营养食品""浓缩的天然药库""全能的营养库""内服的化妆品""浓缩的氨基酸"等，是"人类天然食品中的瑰宝"。常见类型有天然蜂花粉、破壁蜂花粉、花粉精、花粉口服液、花粉膏、花粉片、花粉降脂胶囊等。

（3）蜂王浆　蜂王浆是蜜蜂巢中培育幼虫的青年工蜂咽头腺的分泌物，是供给将要变成蜂王的幼虫的食物。蜂王浆蛋白质含量高，并含有 B 族维生素和乙酰胆碱等。蜂王浆不能用开水或茶水冲服，并应该低温贮存。常见类型有纯鲜蜂王浆、蜂王浆冻干粉、蜂王浆软胶囊、蜂王浆硬胶囊、王浆蜜、西洋参蜂王浆蜜、活性蜂王浆口服液、王浆片、王浆注射液、蜂王浆食品、蜂王浆化妆品等。

（4）蜂蜡　蜂蜡是工蜂腹部下面 4 对蜡腺分泌的物质。蜂蜡具有广泛的用途。在化妆品制造业，许多美容用品中都含有蜂蜡，如洗浴液、口红、胭脂等；在蜡烛加工业中，以蜂蜡为主要原料可以制造各种类型的蜡烛；在医药工业中，蜂蜡可用于制造牙科铸造蜡、基托蜡、药丸的外壳；在食品工业中，蜂蜡可用作食品的涂料、包装和外衣等；在农业

（也包含畜牧业）中，蜂蜡可用作制造果树接木蜡和害虫黏着剂；在养蜂业中，蜂蜡可制造巢础、蜡碗。

（5）蜜蜂幼虫　常见的有蜜蜂幼虫罐头、雄蜂蛹口服液、雄蜂蛹冻干粉、蜂皇胎片等。

（6）蜂毒　蜂毒是工蜂毒腺和副腺分泌出的具有芳香气味的一种透明液体，贮存在毒囊中，垫刺时由螫针排出。在医学上用于风湿性关节炎、腰肌酸痛、神经痛、高血压、荨麻疹、哮喘等的辅助治疗。新鲜蜂毒为透明液体，具芳香气，味苦。

第六章
乌鸡的养殖技术

第一节　生物学特性

一、品种特性

乌鸡，又叫乌骨鸡、药鸡、绒毛鸡、泰和鸡、武山鸡、黑脚鸡、松毛鸡等，属雉科动物，为我国土特产鸡种。乌鸡原产于我国江西省泰和县，现在乌鸡的生产基地主要分布于我国南方各省，北方有些地区亦有饲养。

乌鸡主要因为其骨骼乌黑而得名，最多见的乌骨鸡（图6-1），遍身羽毛洁白，有"乌鸡白凤"的美称。除两翅羽毛以外，其他部位的毛都如绒丝状，头上还有一撮细毛高突隆起。骨骼乌黑，嘴、皮、肉都是黑色的。

图6-1　黑羽乌鸡

（图片由重庆市城口山地鸡遗传资源研究所提供）

二、经济价值

乌鸡是补虚劳、养身体的上好佳品。食用乌鸡可以滋阴补肾、延缓衰老，对妇女的缺铁性贫血症等的治疗有明显功效。现代医学研究证实，乌鸡肉中含丰富的黑色素、蛋白质、B族维生素、18种氨基酸、18种微量元素等。其中，烟酸、维生素E、磷、铁、钾、钠、血清总蛋白、球蛋白的含量均高于普通鸡肉，但胆固醇和脂肪含量却很低。

第二节　饲养管理技术

一、饲养场建设

鸡舍应建造在通风向阳处，前后可每隔 3m 开一个 70cm×120cm 的采光透风窗，室内一侧放置栖架、饮水器、料槽，并等距离分布于舍内。同时在向阳面的一边开一个高 160cm、宽 70cm 的小门，门外设置铺有沙子的运动场。鸡舍也可因地制宜地用闲房或搭建简易棚舍。

1. 场址　要求交通方便，但又不能离公路主干道太近，距离主干道 400m 以上。场址应远离居民点、其他畜禽场和屠宰场，以及有烟尘、有害气体的工厂。

2. 地形　应选建在地势较高、干燥平坦、进排水方便和背风向阳的地方，朝南或朝东南，最好有一定的坡度，以利光照、通风和排水。地面不宜有过陡的坡，道路要平坦。切忌在低洼潮湿之处建场，否则鸡群易发生疫病。地形力求方正，以尽量节约铺路和架设管道、电线的费用，不能占用农田、耕地。

3. 土质　土质最好是含石灰质的土壤或沙壤土，这样能保持舍内外干燥，雨后能及时排出积水，应避免在黏质土地上修建鸡舍。另外，靠近山地丘陵建鸡舍时，应防止"渗水"浸入。

4. 水源　鸡场要充分考虑用水量，鸡的用水量按周龄递增：1～6 周龄雏鸡，20～100mL/（d·只）；7～12 周龄青年鸡，100～200mL/（d·只）；不产蛋母鸡，200～230mL/（d·只）；产蛋母鸡，230～300mL/（d·只）。鸡的饮水量会受到环境温度、产蛋率和采食量等因素的影响。为保证水质，水源最好是地下水，水质清洁，符合《无公害食品 畜禽饮用水水质》（NY 5027—2008）的要求。同时，远离化工厂、屠宰场、皮革厂等可能产生污染的场所，确保水源不受工业废水、生活污水等的影响。

5. 电力　鸡场的孵化、育雏、机械通风以及生活用电都要求有可靠的供电条件，要了解供电源的位置与鸡场的距离、最大供电允许量、是否经常停电等。若供电无保证，则需自备发电机，以确保稳定供电。电力安装容量应大于鸡场用电的总和，鸡舍用电可按平均每天每只种鸡 3～4.5W 计算。

二、饲料与营养

1. 饲料（图 6-2）

（1）能量饲料　能量饲料是乌鸡饲料的重要组成部分，一般占饲料总量的 55%～65%，主要包括玉米、高粱、稻谷、大麦、小麦、麸皮等，它们含有丰富的淀粉，可为乌鸡供能。

（2）蛋白质饲料　蛋白质饲料是乌骨鸡饲料配合的重要组成部分，在饲料总量中所占的比例应为 20% 以上。蛋白质饲料主要分为植物性蛋白质饲料和动物性蛋白质饲料。植物性蛋白质饲料有豆饼、花生饼、葵花籽饼、菜籽饼、棉籽饼、芝麻饼等，动物性蛋白质饲料有鱼粉、肉骨粉、血粉、羽毛粉、蚕蛹粉等。

（3）青绿饲料　青绿饲料主要指细嫩而易消化的蔬菜、牧草等。青绿饲料水分含量高，粗蛋白含量少，维生素含量较为丰富，钙、磷比例适当，适口性好，易消化，成本低，农村专业户使用较普遍。但用量不宜过高，为精饲料量的10%～20%。

（4）饲料添加剂　饲料添加剂包括营养性添加剂和非营养性添加剂两大类，营养性添加剂主要是补充配合饲料中含量不足的营养素，使所配合的饲料达到全价。

2. 营养　饲养乌骨鸡，不论用哪一种饲料，都必须达到营养标准，合理的营养是提高乌骨鸡生产质量的重要因素（图6-3）。一般来说，育雏期内的饲料，粗蛋白为19%，粗纤维小于6%，钙为0.8%～1.3%，磷为0.6%，氯化钠为0.3%，水分小于14%。育成期内的饲料，粗蛋白为17%，粗纤维小于6%，钙为0.7%～1.2%，磷为0.55%，氯化钠为0.3%，水分小于14%。

图6-2　雏鸡的配合饲料
（图片由重庆市城口山地鸡遗传资源研究所提供）

图6-3　规模化乌鸡养殖场
（图片由重庆市城口山地鸡遗传资源研究所提供）

三、饲养管理

1. 饲养方式　乌鸡的饲养方式和肉鸡的饲养方式基本一样，笼养、地面散养、炕上平养或网上平养（图6-4）都可以，以在农村炕上平养为最佳。

鸡舍的大小依地势、地形而定，一般采用开放式新型鸡舍。这种鸡舍主要是采用双坡式顶棚，两壁敞开，前后各有两个窗口。其主要特点是：避雨防火，夏季通风，鸡舍干燥。这种鸡舍比较适合气候温和或较炎热的地区。

2. 管理方式　乌鸡的饲养标准是依据鸡群不同日龄、不同发育阶段的营养需求而制定的。一个好的饲料配方要兼顾两个方面，首先是必须或尽可能满足各阶段的营养需要；其次是要依价格筛选饲料，使配方的成本降到最低。

（1）雏鸡的管理方式　育雏期为30d，此期的饲养管理关系乌鸡生产成败的关键，其主要任务是提高雏鸡的成活率和前期增重。

图 6-4　网上平养雏鸡

（图片由重庆市城口山地鸡遗传资源研究所提供）

①消毒防鼠：育雏前，育雏室的地面和墙壁要用 2 000：1 的癸甲溴铵溶液消毒剂喷洒消毒，将食槽冲洗干净，晾干备用，同时育雏室要有半米高的水泥围墙，严禁有鼠洞。

②保温控湿：雏鸡绒毛稀短，不能抗寒，体温调节能力差，温度过低会造成其生长受阻，扎堆挤压，易暴发白痢病；如果湿度过大，会导致球虫病的发生，所以要保证合理的育雏温度和湿度。育雏室要备有温度计，以便随时掌握育雏室的温度。

育雏室的温度和湿度一般是：1 周龄以内，温度为 32～34℃，湿度为 60%～65%；1～2 周龄，温度为 28～32℃，湿度为 60%～65%；2～3 周龄，温度为 25～27℃，湿度为 60%～65%；3～4 周龄，温度为 23～25℃，湿度为 60%；4 周龄以后，温度为 20℃左右，湿度为 60%。

除使用温度计外，还要学会"看鸡施温"。温度适宜时雏鸡活泼好动，食欲旺盛，睡眠安静，鸡群疏散，均匀俯卧；温度过低时雏鸡易腹泻，感冒，互相挤压，层层扎堆；温度过高时雏鸡张嘴喘气，远离热源，精神懒散，食欲不好，大量饮水。

③饮水开食：雏鸡出壳 20h 后就可进入育雏室，先饮水，后开食。开始饮水时应用5%～10% 的白糖水，饮半天，可提高成活率。10 日龄前的雏鸡要饮温开水，水温要与室温相近。饮水最好采用雏鸡饮水器，让雏鸡自由饮用。饮水 2～4h 后，可开食，饲料先用水浸泡，以手抓即散为宜，均匀地撒在塑料布上，让雏鸡自由采食，可直接给雏鸡饲喂全价饲料。乌鸡与其他鸡种的不同之处就是白痢病特别严重，所以在育雏期要严格预防该病的发生。

（2）育成鸡的管理方式　乌鸡的育成期指 60～150 日龄这一生长阶段，此阶段乌鸡的生理调节机能、消化机能健全，适应环境的能力强，食欲旺盛，生长发育极快（图 6-5和图 6-6）。

图 6-5　网上平养育成鸡
（图片由重庆市城口山地鸡遗传资源研究所提供）

图 6-6　地面散养育成鸡
（图片由重庆市城口山地鸡遗传资源研究所提供）

①限制饲喂：育成期乌鸡的生长发育快、新陈代谢旺盛，如让其自由觅食则饲料消耗多，鸡体重过大，脂肪沉积过多，影响产蛋率和受精率。如发现育成鸡过肥则要进行限制饲喂，因此从 60 日龄开始每 2 周称重 1 次。抽样时随机抽取全群的 5% 与标准体重对照，对体重低于标准的要分群饲养，体重超标的要限制饲喂。

②温度和湿度：育成阶段鸡舍的温度要尽量保持在 18～24℃。9 周龄左右乌鸡逐渐脱温，白天脱温但晚上仍要加温，待完全适应后再完全脱温，当遇到寒冷恶劣气候可适当加温。育成鸡舍的相对湿度以 50%～55% 为宜。

③运动和密度：育成鸡要有宽阔的运动场，以保证鸡群的生长发育。饲养密度不宜过大，平养时适宜的密度为：9～13 周龄，14～16 只/m²；14～17 周龄，8～12 只/m²；18～25 周龄，6～8 只/m²。

④分群饲养：应及时根据鸡的大小、强弱、公母分群饲养，每群以 100～150 只为宜。

⑤合理光照：育成鸡的性成熟与光照时间的长短有密切关系，光照时间的长短对控制母鸡的开产日龄十分重要。光照时间为：8 周龄，每天 12h 以后光照时间逐渐减少，至 20 周龄为 8～9h，商品蛋鸡从 20 周龄、种鸡从 22 周龄起每周增加 1h。

（3）种鸡的管理方式

①设置产蛋箱（窝）：在鸡舍内、放养场地的遮阳挡雨棚内设置产蛋箱或产蛋窝。

②种鸡的管理：种公鸡在 20 周龄、种母鸡在 34 周龄开产，这一时期是种鸡生长发育的关键时期，此期除按公、母比 1：（8～10）配群外，可用光照刺激，以促进性成熟；饲料也要从育成期饲料变为蛋种鸡饲料，以保持公、母鸡种用的体况。

③饲养方式：可采用笼养和散养（图 6-7）。笼养便于饲养管理、消毒和防疫，一般多采用三层全阶梯式笼养方法。单家居住农户或放养场地广阔、劳动力富余的场（户），也可采用半舍饲、半放牧的方式饲养。

④饲喂与饮水：产蛋鸡开产后应由育成期饲料改变为全价配合饲料，约经过 1 周的饲料过渡。具体方法是前 2d 用 2/3 育成鸡料＋1/3 种鸡料混合饲喂，接着各用一半混合饲

喂 3d，最后 1/3 育成鸡料＋2/3 种鸡料饲喂 2d，每天饲喂 3 次，从第 8 天起过渡到种鸡饲养方法（图 6-8）。应特别注意不能饲喂霉变饲料，每天饲喂 3 次，第 2 次添料时不宜有剩料。蛋鸡的饮水量较大，一般是采食量的 2～2.5 倍，饮水不足时会造成产蛋率严重下降。种鸡在产蛋及熄灯之前各有一次饮水高峰，应注意供足饮水。

图 6-7　散养

（图片由重庆市城口山地鸡遗传资源研究所提供）

图 6-8　种鸡采食

（图片由重庆市城口山地鸡遗传资源研究所提供）

3. 饲养密度　合理掌握乌鸡的饲养密度，可避免浪费饲料，提高生长速度，降低料重比，增加养殖的经济效益。

乌鸡生长期的密度一般是：1～10 日龄，40～50 只/m²；10～20 日龄，30～40 只/m²；20～30 日龄，25～30 只/m²；30～60 日龄，20～25 只/m²；60～90 日龄，15～20 只/m²（图 6-9）。

图 6-9　合理的饲养密度

（图片由重庆市城口山地鸡遗传资源研究所提供）

参 考 文 献

陈树林，司丽芳，2015. 特种动物养殖［M］. 北京：中央广播电视大学出版社．

龚勤，1985. 怎样养蚯蚓［M］. 天津：天津科学技术出版社．

黄福珍，1982. 蚯蚓［M］. 北京：农业出版社．

任国栋，郑翠芝，2016. 特种经济动物养殖技术［M］.2 版．北京：化学工业出版社．

四川省动物学会学术论文集，1984. 蚯蚓的养殖与利用［C］. 重庆：重庆人民出版社．

熊家军，2018. 特种经济动物生产学［M］. 北京：科学出版社．

余四九，2019. 特种经济动物生产学［M］.2 版．北京：中国农业出版社．